Addition und Subtraktion bis 100

W0398560

1

a) 41 + 38 = ☐
17 + 63 = ☐
81 − 41 = ☐
53 + 46 = ☐
66 + 24 = ☐

b) 19 + 76 = ☐
28 + 66 = ☐
56 + 37 = ☐
46 + 46 = ☐
55 + 36 = ☐

c) 37 + 54 = ☐
81 − 18 = ☐
49 + 26 = ☐
55 + 25 = ☐
57 + 19 = ☐

40 63 75 76 79 80 80 81 90 91 91 92 93 94 95 99

2 Tauschaufgaben

a) 62 + 37 = ☐
37 + 62 = ☐

41 + 49 = ☐
☐ + ☐ = ☐

b) 48 + 16 = ☐
☐ + ☐ = ☐

26 + 45 = ☐
☐ + ☐ = ☐

c) 33 + 28 = ☐
☐ + ☐ = ☐

79 + 19 = ☐
☐ + ☐ = ☐

61 63 64 71 90 98 99

3

a) 99 − 75 = ☐
98 − 65 = ☐
97 − 55 = ☐
24 + 75 = ☐
96 − 45 = ☐

b) 81 − 18 = ☐
47 − 17 = ☐
73 − 36 = ☐
67 − 19 = ☐
35 − 27 = ☐

c) 92 − 23 = ☐
74 − 67 = ☐
86 − 49 = ☐
19 + 56 = ☐
55 − 38 = ☐

7 8 17 24 30 33 37 37 42 48 51 63 69 75 99 100

4 Umkehraufgaben

a) 65 + 25 = ☐
90 − 25 = ☐

37 + 62 = ☐
☐ − ☐ = ☐

b) 27 + 42 = ☐
☐ − ☐ = ☐

78 + 19 = ☐
☐ − ☐ = ☐

c) 46 + 38 = ☐
☐ − ☐ = ☐

59 + 32 = ☐
☐ − ☐ = ☐

5

a) ☐ / ☐ ☐ / 34 25 16

b) 99 / ☐ 54 / ☐ ☐ 27

c) ☐ / ☐ ☐ / 38 ☐ 26

d) 100 / ☐ ☐ / ☐ ☐ ☐

▸ Seiten 6–9

Rechendreiecke, Sachrechnen, Aufgabenfamilien

1 a)

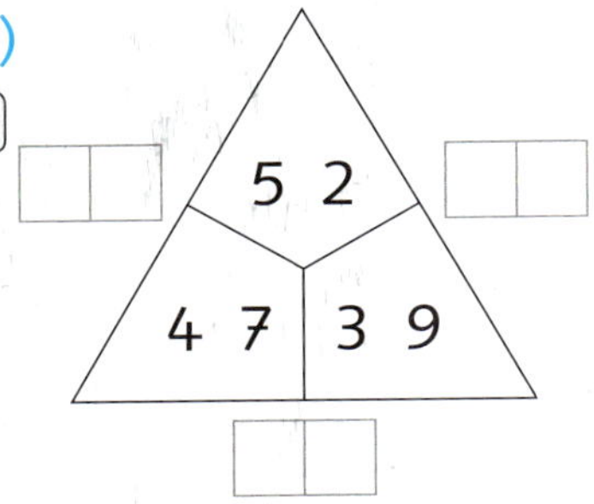

b)

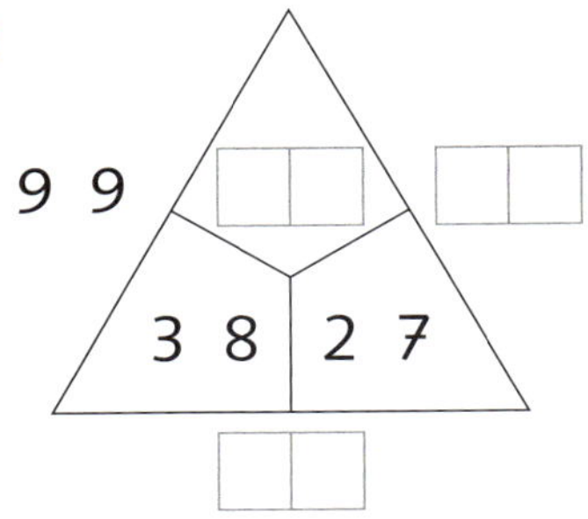

c)

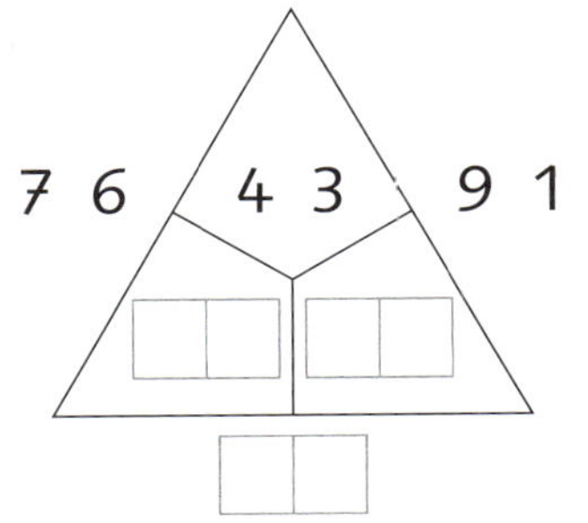

2

a) Paul möchte sich die Bettwäsche und den Fußball kaufen.

b) Fatima hat 85 € gespart. Was kann sie sich kaufen?

3 Aufgabenfamilien

a)

45 54 ☐	
+ =	– =
+ =	– =

b)

39 ☐ 67	
+ =	– =
+ =	– =

c)

☐ 46 83	
– =	+ =
– =	+ =

d)

58 24 ☐	
– =	+ =
– =	+ =

▸ Seiten 10/11

Multiplikation und Division

1

a)
10 · 2 =
5 · 2 =
2 · 2 =
9 · 10 =

b)
10 · 5 =
5 · 5 =
1 · 10 =
1 · 5 =

c)
50 : 5 =
100 : 10 =
20 : 2 =
25 : 5 =

d)
5 · 4 =
7 · 4 =
9 · 4 =
5 · 3 =

e)
3 · 3 =
8 · 8 =
6 · 8 =
4 · 8 =

f)
36 : 4 =
18 : 3 =
56 : 8 =
27 : 3 =

g)
4 · 6 =
8 · 6 =
7 · 7 =
6 · 6 =

h)
9 · 9 =
7 · 9 =
5 · 9 =
2 · 7 =

i)
42 : 7 =
36 : 6 =
81 : 9 =
21 : 7 =

2 Finde Malaufgaben mit dem gleichen Ergebnis.

a) 8 b) 10 c) 24 d) 36 e) 40

3

a)

·	3	4	6
2			
5			
10			

b)

·	0	4	8
5			
7			
9			

c)

·	3		9
6			
7		49	
8			

4 Umkehraufgaben

a)
5 · 5 = 25
25 : 5 =

4 · 6 =
: 6 =

b)
6 · 7 =
: =

8 · 9 =
: =

c)
3 · 8 =
: =

4 · 9 =
: =

▸ Seiten 12–15

Bündeln und entbündeln

1 a) Verbinde jedes Wort mit dem richtigen Bild.

Einerwürfel   Tausenderblock   Hunderterplatte   Zehnerstange

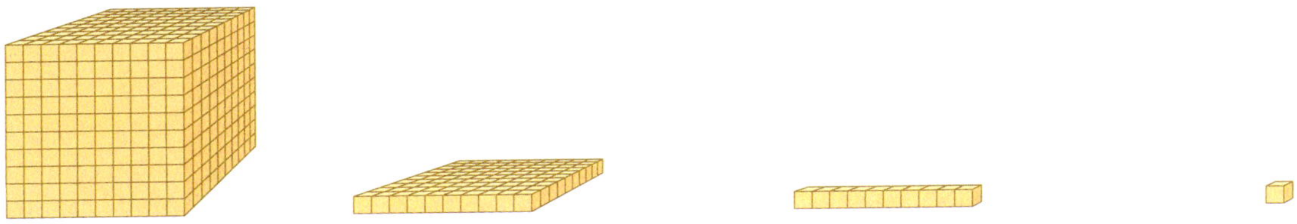

b) 1 Tausenderblock besteht aus ______ Einerwürfeln (1 T = ______ E).

1 Hunderterplatte besteht aus ______ Einerwürfeln (1 H = ______ E).

1 Zehnerstange besteht aus ______ Einerwürfeln (1 Z = ______ E).

1 Einerwürfel besteht aus ______ Einerwürfel (1 E = ______ E).

2 Schreibe in die Stellenwerttafel. Welche Zahl ist dargestellt?

a) 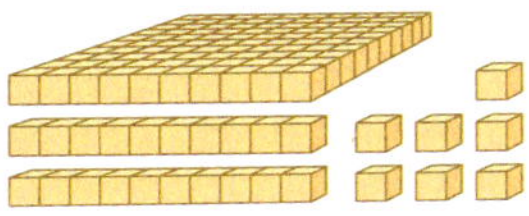

H	Z	E

Zahl: ______

b) 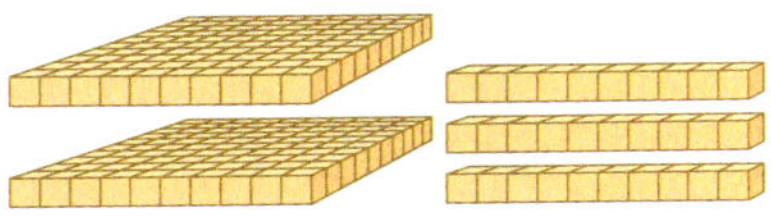

H	Z	E

Zahl: ______

c) 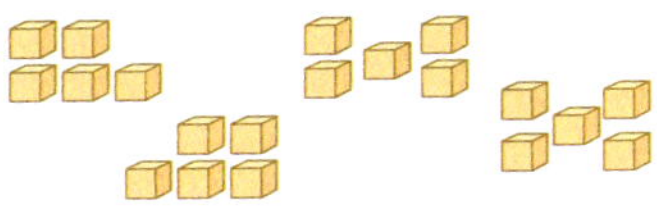

H	Z	E

Zahl: ______

3 Schreibe in die Stellenwerttafel. Lege mit Material.

a) 468

H	Z	E

b) 684

H	Z	E

c) 864

H	Z	E

d) 250

H	Z	E

e) 205

H	Z	E

f) 25

H	Z	E

▸ Seiten 16–19

Zahlenbilder und Stellenwerttafel

1 Du kannst Zahlen auch mit Zeichen darstellen. Vervollständige.

__________ __________ __________

Zehner | Einer | Hunderter

2 Schreibe in die Stellenwerttafel. Wie heißt die Zahl?

a) 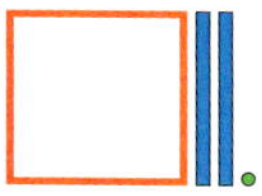

H	Z	E

Zahl: ______

b) 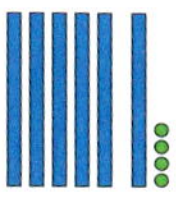

H	Z	E

Zahl: ______

c) 

H	Z	E

Zahl: ______

3 Trage in die Stellenwerttafel ein. Zeichne die Zahlbilder.

a) 187

H	Z	E

b) 197

H	Z	E

c) 207

H	Z	E

4 Immer 1 000

a)
6 0 0 + ☐☐☐ = 1 0 0 0
7 0 0 + ☐☐☐ = 1 0 0 0
☐☐☐ + ☐☐☐ = ☐☐☐☐

b)
9 6 0 + ☐☐☐ = 1 0 0 0
9 7 0 + ☐☐☐ = 1 0 0 0
☐☐☐ + ☐☐☐ = ☐☐☐☐

▸ Seiten 20/21

Das Tausenderbuch

1 Welche Zahlen fehlen?

a)

	502	

b)

		499

c)

		460

d)

328		

e)

611		

f)

	999	

2 Welche Zahlen fehlen?

a)

	15	
	25	
	35	

b)

	929	930

c)

248		
258		

3 Zähle weiter.

a) 251, 252, ____, ____, ____, ____, ____, 258

b) 999, 998, ____, ____, ____, ____, ____, 992

c) 500, 510, ____, ____, ____, ____, ____, 570

d) 900, 890, ____, ____, ____, ____, ____, 830

e) 253, 353, ____, ____, ____, ____, ____, 953

f) 801, 701, ____, ____, ____, ____, ____, 101

4 Welche Zahlen stehen in den gelben Kästchen?

901							908	909	910
911									920
921									930
					936				940
941									950
951									
961							968		
971									
981									
991	992	993	994	995	996	997	998	999	

a) 901, ____, ____, ____, ____, ____, 907

b) 936, ____, ____, ____, ____, 931

c) 950, ____, ____, ____, ____, 1 000

d) 968, ____, ____, ____, ____, ____, 908

e) Was fällt dir auf?

1 Kästchen nach rechts (→): + ____

1 Kästchen nach links (←): – ____

1 Kästchen nach unten (↓): + ____

1 Kästchen nach oben (↑): – ____

▸ Seiten 22/23

Der Zahlenstrahl

1 Wie heißt die Zahl?

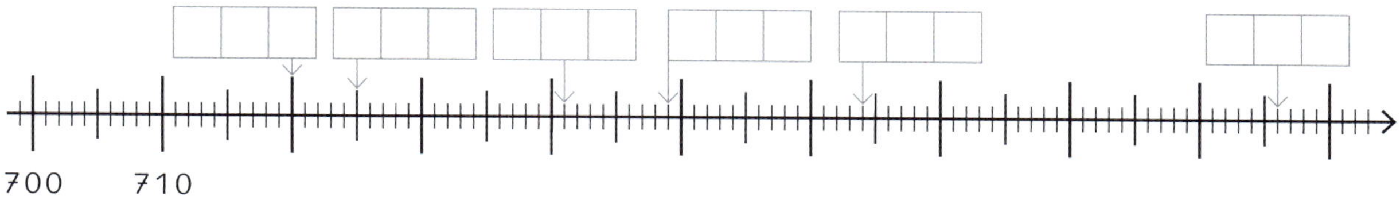

2 Markiere auf dem Zahlenstrahl.

a) ~~120~~, 200, 150, 145

b) 131, 159, 164, 176

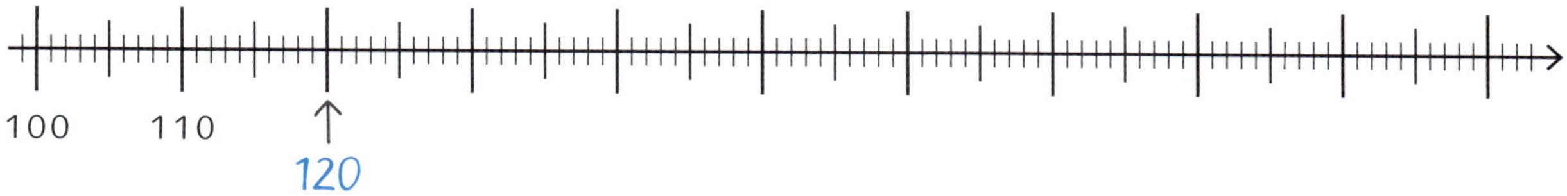

3 Vorgänger und Nachfolger

a) 92, 93, 94

____, 193, ____

____, 293, ____

____, 393, ____

b) 809, 810, 811

____, 125, ____

____, 300, ____

____, 999, ____

4 Vergleiche. >, < oder =?

a)			b)			c)		
200	○	201	770	○	77	111	○	111
512	○	502	100	○	99	600	○	599
800	○	800	333	○	343	1000	○	909
999	○	1000	490	○	690	500	○	500

5 Wie heißen die Nachbarzehner?

a) 540, 545, 550

____, 343, ____

____, 767, ____

____, 121, ____

b) ____, 213, ____

____, 233, ____

____, 732, ____

____, 737, ____

Runden

1 Welcher Zehner liegt am nächsten?

a) 2 1 1 ≈ 2 1 0
2 4 2 ≈ ___
2 8 3 ≈ ___
2 7 4 ≈ ___

b) 2 3 6 ≈ 2 4 0
2 8 7 ≈ ___
2 2 8 ≈ ___
2 5 9 ≈ ___

c) 2 1 5 ≈ ___
2 8 5 ≈ ___
2 4 7 ≈ ___
2 8 4 ≈ ___

2 Welcher Hunderter liegt am nächsten?

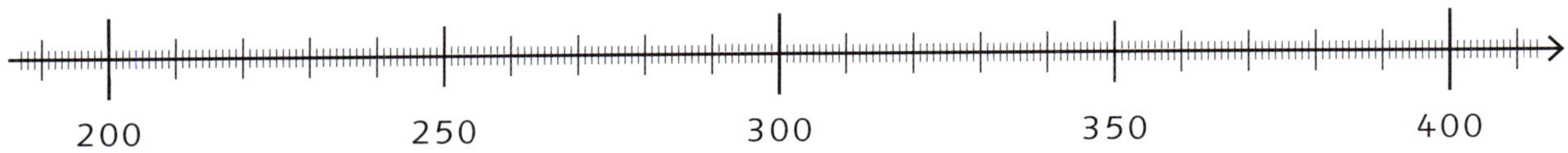

a) 2 1 0 ≈ 2 0 0
3 4 0 ≈ ___
2 2 0 ≈ ___
3 3 0 ≈ ___

b) 3 6 0 ≈ 4 0 0
3 8 0 ≈ ___
2 9 0 ≈ ___
2 7 0 ≈ ___

c) 2 5 0 ≈ ___
3 5 1 ≈ ___
2 8 6 ≈ ___
2 7 1 ≈ ___

3 Ergänze die fehlenden Ziffern.

Abrunden: Bei __, __, __, __ wird abgerundet.

Aufrunden: Bei __, __, __, __, __ wird aufgerundet.

4 Runde zum Zehner.

a) 3 4 ≈ ___
4 1 ≈ ___

b) 5 7 ≈ ___
1 9 ≈ ___

c) 2 3 ≈ ___
8 5 ≈ ___

d) 6 2 2 ≈ ___
2 7 6 ≈ ___

5 Runde zum Hunderter.

a) 7 1 0 ≈ ___
1 4 0 ≈ ___
2 3 0 ≈ ___

b) 8 6 0 ≈ ___
3 8 0 ≈ ___
1 9 0 ≈ ___

c) 5 1 9 ≈ ___
3 8 1 ≈ ___
6 5 3 ≈ ___

▸ Seite 26

Rechnen mit dem Taschenrechner

1 Beschrifte.

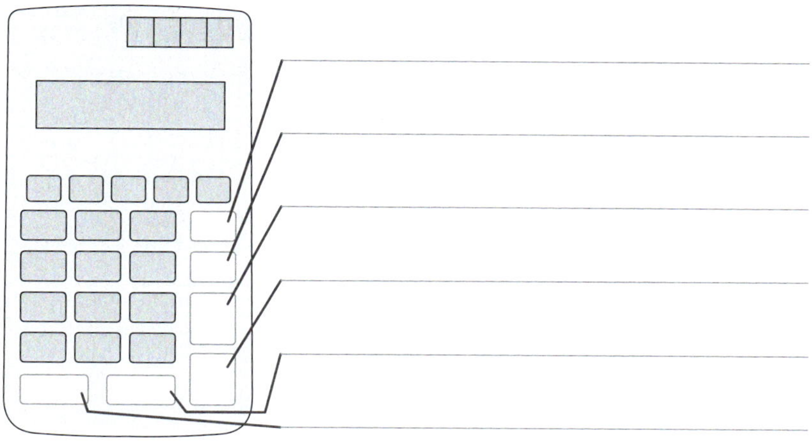

- Einschalten/Löschen ON/C
- Addition („plus") +
- Multiplikation („mal") ×
- Ergebnis („gleich") =
- Division („geteilt durch") ÷
- Subtraktion („minus") –

2 Rechne mit dem Taschenrechner.

a)
437 + 289 = ___
841 – 358 = ___
1234 – 567 = ___

b)
23 · 45 = ___
828 : 9 = ___
78 · 12 = ___

3 Welche Aufgaben sind richtig gelöst? Kontrolliere mit dem Taschenrechner. Streiche die falschen Ergebnisse durch.

a)
835 + 157 = 999
613 – 478 = 725
987 + 654 = 333

b)
749 + 245 = 994
913 – 365 = 547
1 543 – 540 = 1 489

c)
128 · 3 = 131
345 : 23 = 15
873 : 9 = 90

4 Ein Fliesenleger hat 12 Fliesen verlegt. Für die 1. Fliese fordert er 1 Euro, für die 2. Fliese doppelt so viel Euro und so weiter.

a) Wie viel kostet die 12. Fliese?

b) Wie viel kosten alle Fliesen zusammen?

c) Wird der Fliesenleger reich?

1 € →(· 2) 2 € →(· 2) 4 € →(· 2) 8 € →(· 2) ___ ___

___ ___ ___ ___ ___ ___

▸ Seite 27

Parallele und senkrechte Geraden zeichnen

1 Zeichne ein.

a) parallele Gerade

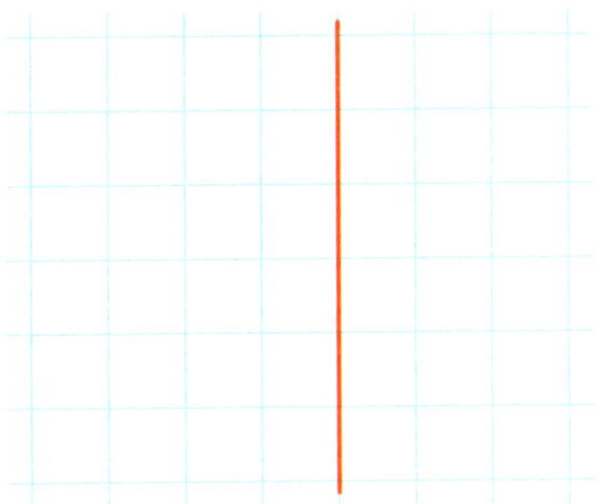

b) senkrechte Gerade

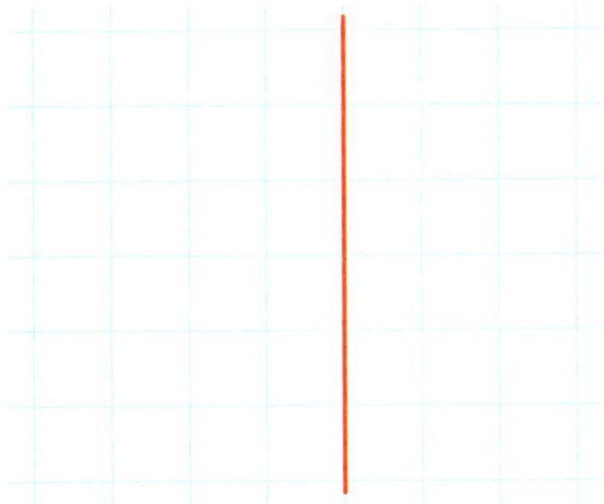

c) eine parallele und eine senkrechte Gerade

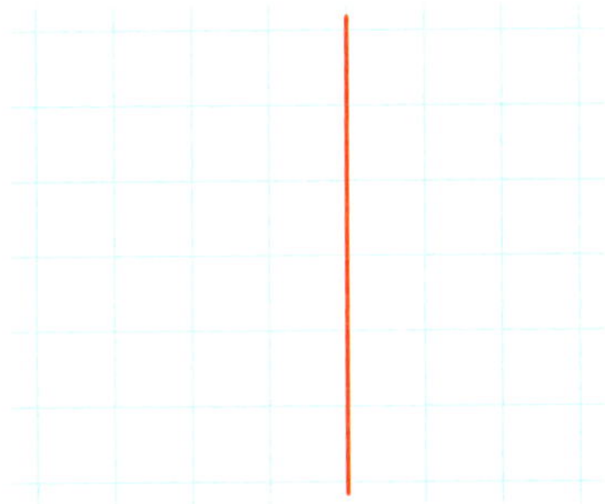

d) parallele Gerade

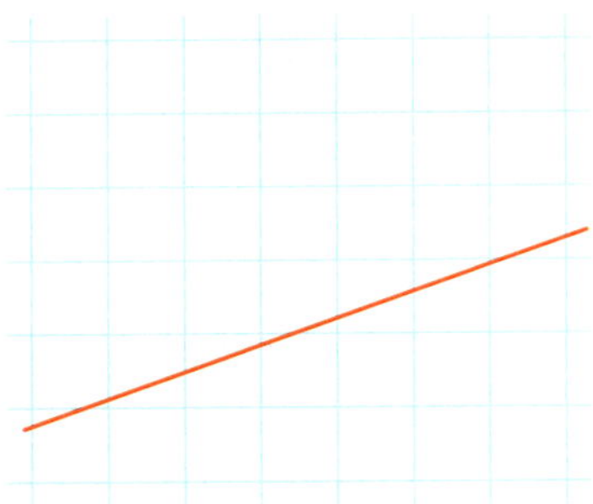

e) senkrechte Gerade

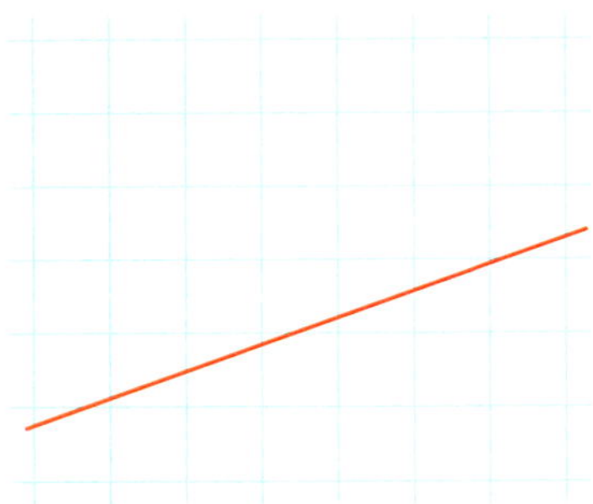

f) eine parallele und eine senkrechte Gerade

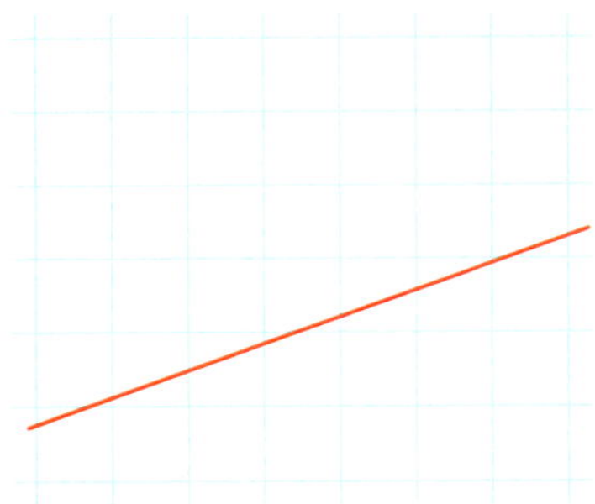

2 a) Verbinde die roten Punkte zu einem Viereck. Nutze zuerst den Bleistift.

b) Zeichne parallele Geraden blau nach.

c) Zeichne senkrecht zueinander stehende Geraden gelb nach.

A

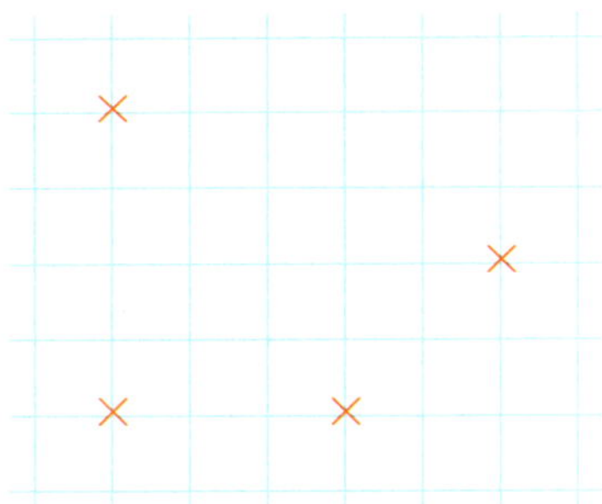

B

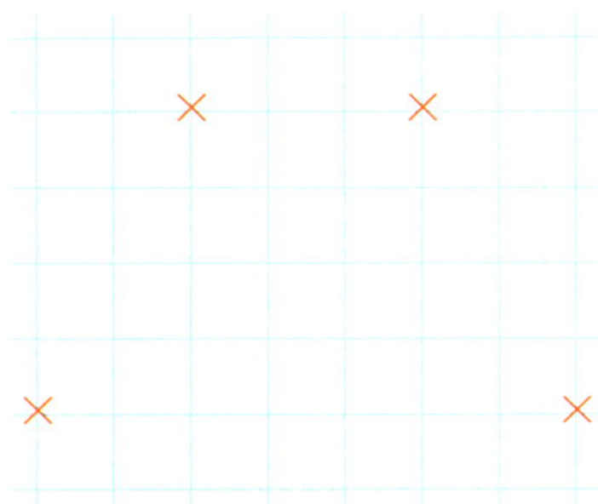

C

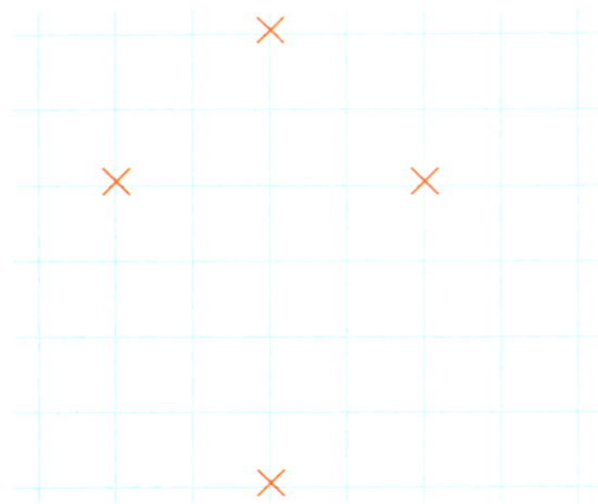

d) Es gibt

	A	B	C
parallele Geraden			
senkrecht zueinander stehende Geraden			

▸ Seiten 28–31

Gewichte

1 Was passt zusammen? Verbinde.

a) 200 g | 500 g | 1 kg | 5 kg

b) 10 g | 100 g | 250 g | 600 g

2 Vergleiche. >, < oder =?

a) 300 g ◯ 700 g
600 g ◯ 400 g
800 g ◯ 800 g

b) 450 g ◯ 250 g
850 g ◯ 900 g
150 g ◯ 100 g

c) 880 g ◯ 88 g
760 g ◯ 750 g
320 g ◯ 230 g

3 Ordne die Gewichte der Größe nach. Beginne mit dem kleinsten Gewicht.

a) 150 g 500 g 860 g 300 g 750 g

b) 30 g 400 g 200 g 60 g 800 g 300 g 80 g

c) 780 g 430 g 650 g 78 g 340 g 560 g 600 g 400 g

4 Ordne die Gewichte der Größe nach. Beginne mit dem größten Gewicht.

a) 340 g 900 g 580 g 100 g 700 g

b) 900 g 500 g 10 g 600 g 50 g 100 g 90 g 70 g

c) 260 g 600 g 20 g 60 g 800 g 200 g 280 g 820 g

▸ Seiten 32–34

Kilogramm und Gramm

1

a)

1000 g	
800 g	
400 g	
700 g	
500 g	
100 g	

b)

1000 g	
300 g	
900 g	
200 g	
600 g	
500 g	

c)

1 kg	
750 g	
350 g	
950 g	
150 g	
450 g	

d)

1 kg	
	850 g
550 g	
250 g	
	650 g
50 g	

2 Schreibe in die Stellenwerttafel.

a)

	kg	g
5 kg 640 g		
3 kg 810 g		
1 kg 790 g		
4 kg 250 g		
6 kg 380 g		

b)

	kg	g
7 kg 190 g		
2 kg 530 g		
9 kg 680 g		
8 kg 440 g		
3 kg 760 g		

3 Schreibe in Kilogramm.

a)

kg	g	
5	3 6 0	5,360 kg
8	1 4 0	
2	5 6 0	
3	7 8 0	
9	4 2 0	

b)

kg	g	
7	2 9 0	7,290 kg
5	9 0 0	
1	3 5 0	
6	5 8 0	
1 4	8 0 0	

4 Schreibe in die Stellenwerttafel und rechne in kg um.

	kg	g	
4 kg 570 g			4 kg 570 g = 4,570 kg
9 kg 120 g			
6 kg 830 g			
2 kg 490 g			
7 kg 330 g			

▸ Seiten 34–35

Addition im Kopf

1 Rechne.

a)
6 + 3 = ☐
60 + 30 = ☐
600 + 300 = ☐

b)
2 + 4 = ☐
20 + 40 = ☐
200 + 400 = ☐

2 Was fehlt?

a)
2 + ☐ = 5
7 + ☐ = 9
1 + ☐ = 7

b)
20 + ☐ = 50
30 + ☐ = 80
60 + ☐ = 100

c)
100 + ☐ = 700
700 + ☐ = 900
300 + ☐ = 800

2 | 3 | 6 | 30 | 40 | 50 | 200 | 300 | 500 | 600

3 Rechenräder. Welche Zahlen fehlen?

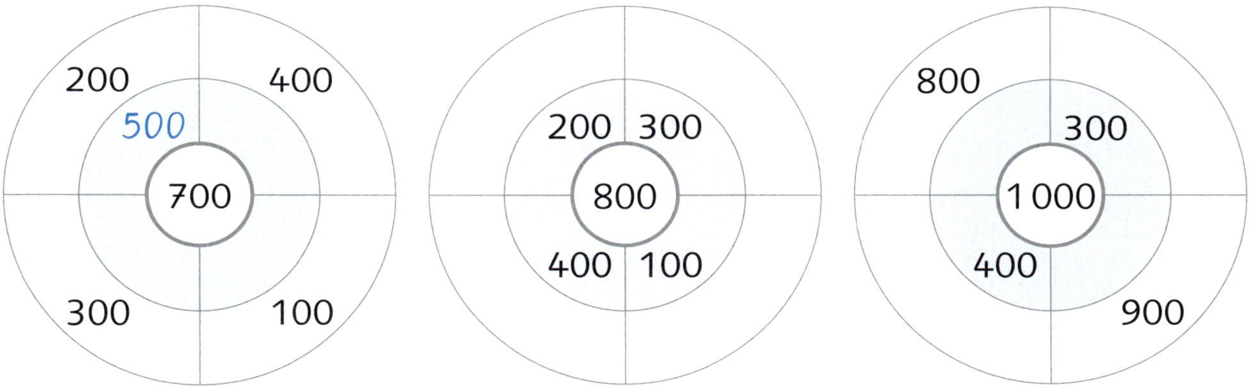

100 | 200 | 300 | 300 | 400 | 400 | 500 | 600 | 600 | 600 | 700 | 700

4

a)
240 + 300 = ☐
240 + 600 = ☐
240 + ☐ = 440

b)
330 + 600 = ☐
330 + 300 = ☐
330 + ☐ = 830

5 Rechne bis zum nächsten Hunderter.

a)
510 + ☐ = 600
530 + ☐ = 600
580 + ☐ = 600

b)
☐ + 40 = 900
☐ + 70 = 900
☐ + 10 = 900

▸ Seiten 36/37

Addition über den Hunderter

1 Zerlege am Zahlenstrahl und rechne.

a)

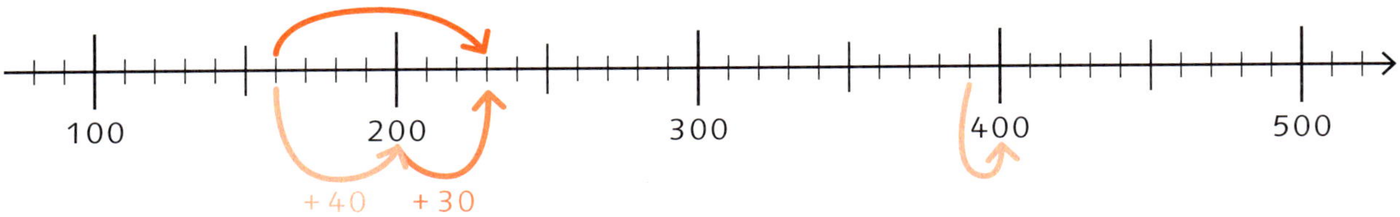

1 6 0 + 7 0
1 6 0 + 4 0 + 3 0 = ☐☐☐

3 9 0 + 7 0
3 9 0 + ☐☐ + ☐☐ = ☐☐☐

b)

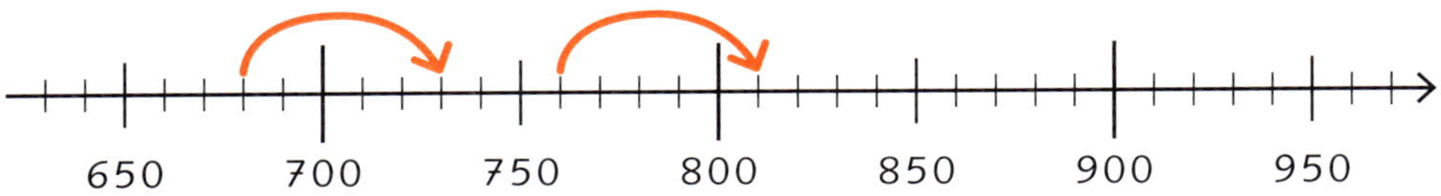

6 8 0 + 5 0
6 8 0 + ☐☐ + ☐☐ = ☐☐☐

7 6 0 + 5 0
7 6 0 + ☐☐ + ☐☐ = ☐☐☐

2 Zerlege und rechne.

a) 8 5 0 + 7 0
8 5 0 + ☐☐ + ☐☐ = ☐☐☐

8 5 0 + 6 0
8 5 0 + ☐☐ + ☐☐ = ☐☐☐

b) 7 7 0 + 4 0
7 7 0 + ☐☐ + ☐☐ = ☐☐☐

7 7 0 + 8 0
7 7 0 + ☐☐ + ☐☐ = ☐☐☐

10 10 20 30 30 50 50 50 810 850 910 920 940

3

730	
650	
690	
670	
660	
680	

910	
890	
850	
830	
870	
810	

450	
380	
360	
390	
370	
400	

530	
460	
440	
480	
450	
470	

20 40 40 50 50 50 60 60 60 60 70 70 70 80 80 80 80 90 90 90 100

▸ Seite 38

Halbschriftliche Addition

1 a) 270 + 150 =
+ 100 =
+ 50 =

b) 270 + 190 =
+ 100 =
+ 90 =

c) 380 + 250 =
+ 200 =
+ 50 =

d) 380 + 430 =
+ 400 =
+ 30 =

420 460 620 630 810

2 a) 490 + 240 =

b) 490 + 370 =

c) 260 + 260 =

d) 260 + 690 =

e) 350 + 470 =

f) 350 + 550 =

520 730 750 820 860 900 950

3 Frau Bödecker sammelt bei jedem Urlaub Muscheln am Strand. Bis jetzt hat sie schon 680 zu Hause. Von ihrem letzten Urlaub hat sie 130 schöne Muscheln mitgebracht.

Wie viele Muscheln hat sie jetzt?

Antwort: *Frau Bödecker hat* ____________________

▸ Seite 39

Schriftliche Addition ohne Übertrag

1 a)

	H	Z	E
	2	3	5
+	3	5	2

	H	Z	E
	2	3	5
+	1	6	1

	H	Z	E
	2	3	5
+	5	1	4

	H	Z	E
	2	3	5
+	2	4	3

	H	Z	E
	2	3	5
+	7	3	2

b)

	H	Z	E
	3	1	4
+	4	5	1

	H	Z	E
	3	1	4
+	6	2	2

	H	Z	E
	3	1	4
+	2	8	3

	H	Z	E
	3	1	4
+	5	4	4

	H	Z	E
	3	1	4
+	3	7	5

c)

	H	Z	E
	5	2	3
+	2	1	3

	H	Z	E
	5	2	3
+	3	7	6

	H	Z	E
	5	2	3
+	1	3	5

	H	Z	E
	5	2	3
+	4	6	4

	H	Z	E
	5	2	3
+	2	4	1

396 478 497 587 597 658 689 736 749 764 765 858 899 936 967 987

2 Welche Ziffern fehlen?

	H	Z	E
		3	2
+	6	2	
	8		4

	H	Z	E
	3	4	
+	1		6
		7	9

	H	Z	E
	4	1	2
+	4	4	
			7

	H	Z	E
	1		2
+		2	7
	3	5	

	H	Z	E
	2	4	3
+			
	9	5	6

3 Vor dem Fußballspiel stehen 412 Autos auf dem Parkplatz am Fußballstadion. Es sind noch 233 Parkplätze frei.

Wie viele Autos können am Stadion parken?

Antwort: *Am Stadion*

► Seiten 41/42

Addition mit Null

1 Schreibe stellengerecht untereinander und rechne.

a) 714 + 72 b) 837 + 42 c) 212 + 83 d) 912 + 46 e) 536 + 52

	H	Z	E
	7	1	4
+		7	2

f) 823 + 43 g) 927 + 61 h) 721 + 56 i) 524 + 63 k) 253 + 34

287 295 436 588 587 777 786 866 879 958 988

2 Achtung: Null!

	H	Z	E
	2	4	0
+	1	4	7

	H	Z	E
	3	4	2
+	2	0	6

	H	Z	E
	5	0	3
+	4	6	4

	H	Z	E
	2	3	4
+	3	4	0

	H	Z	E
	6	0	7
+	2	5	0

	H	Z	E
	2	5	3
+	4	2	0

	H	Z	E
	6	0	0
+	2	8	7

	H	Z	E
	4	2	8
+	5	0	1

	H	Z	E
	6	3	0
+	1	4	9

	H	Z	E
	2	0	4
+	6	0	3

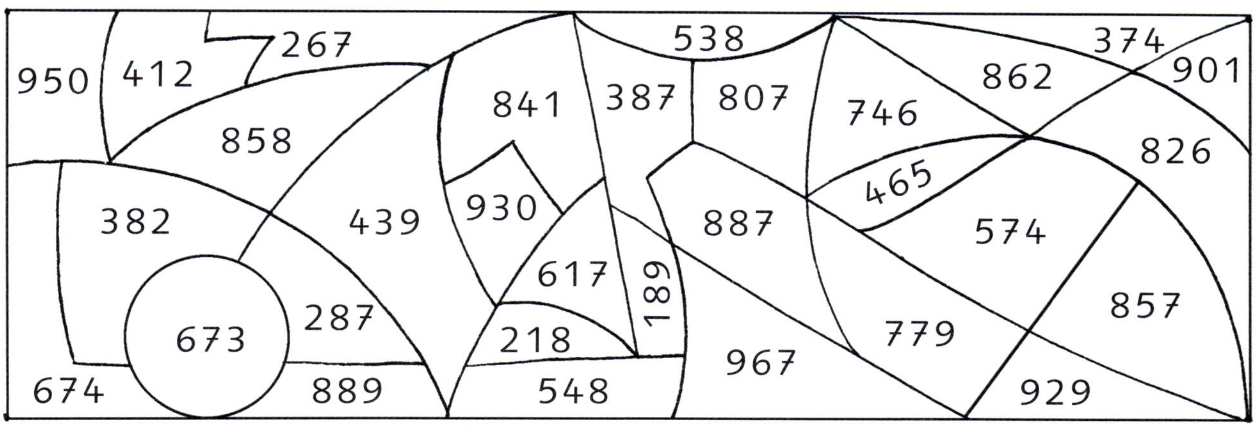

▸ Seite 43

Schriftliche Addition mit Übertrag bei den Einern

1 Achte auf den Übertrag.

a)

	H	Z	E
	2	3	6
+	3	1	5

	H	Z	E
	2	3	6
+	2	5	9

	H	Z	E
	2	3	6
+	6	2	6

	H	Z	E
	2	3	6
+	4	3	8

	H	Z	E
	2	3	6
+	7	4	7

b)

	H	Z	E
	3	2	8
+	3	2	2

	H	Z	E
	3	2	8
+	5	4	6

	H	Z	E
	3	2	8
+	1	3	8

	H	Z	E
	3	2	8
+	4	5	3

	H	Z	E
	3	2	8
+	6	3	5

466 495 551 595 650 674 781 862 874 963 983

2 Schreibe stellengerecht untereinander und rechne aus.

a) 417 + 274 b) 417 + 556 c) 417 + 138 d) 417 + 329 e) 417 + 445

	H	Z	E
+			

	H	Z	E
+			

	H	Z	E
+			

	H	Z	E
+			

	H	Z	E
+			

555 681 691 746 862 973

3 Am Montag bei Herrn Pechvogel:
Sein Auto muss in die Werkstatt.
Die Reifen sind platt und der Motor hat einen Schaden.
Die Reifen kosten 249 € und die Reparatur am Motor kostet 428 €.

Wie viel muss Herr Pechvogel bezahlen?

Antwort: *Herr Pechvogel muss* ______________________

____

▸ Seiten 44/45

Schriftliche Addition mit Übertrag bei den Zehnern

1 a)

	H	Z	E		H	Z	E		H	Z	E		H	Z	E		H	Z	E
	2	8	3		2	8	3		2	8	3		2	8	3		2	8	3
+	6	3	2	+	4	6	1	+	2	9	6	+	5	4	5	+	3	8	3

b)

	H	Z	E		H	Z	E		H	Z	E		H	Z	E		H	Z	E
	3	7	4		3	7	4		3	7	4		3	7	4		3	7	4
+	1	9	3	+	2	4	5	+	3	8	1	+	5	6	2	+	5	8	3

567 579 619 666 744 755 766 828 915 936 957

2

	H	Z	E		H	Z	E		H	Z	E		H	Z	E		H	Z	E
	4	3	6		4	3	6		4	3	6		4	3	6		4	3	6
+	2	9	2	+	3	2	8	+	4	8	1	+	2	4	5	+		2	9

465 565 681 728 764 917

3

	H	Z	E		H	Z	E		H	Z	E		H	Z	E		H	Z	E
	4	2	7		3	8	5		2	6	1		5	1	5		7	2	9
+	2	3	3	+	4	2	3	+	6	4	5	+	2	3	5	+		5	1

660 750 780 808 880 906

4 Welche Ziffern fehlen? Achte auch auf den Übertrag.

	H	Z	E		H	Z	E		H	Z	E		H	Z	E		H	Z	E
	2	5			4	6	5		2	3	4		3	5			2	8	4
+	6	8	4	+	3	9	2	+	4		3	+	2	3	6	+	3		2
	1				1														
	9	3	9		8		7		6	3	7		5	9	5		6	5	6

▸ Seiten 46/47

Beim Sommerfest in der Schule

Prüfe zuerst, welche Informationen du zur Lösung brauchst.
Kreuze an. Löse die Aufgabe.

1 Wie viele Würstchen werden verkauft?

- Die Schüler kaufen 236 Würstchen. ○
- Herr Elbrecht möchte 8 Löffel Senf. ○
- Die Lehrer essen 58 Würstchen. ○
- Frau Hüppe grillt 23 Gemüsespieße. ○

Es werden ____________________

2 Wie viel Geld nehmen die Schüler ein?

- Die Klasse 5b verkauft alte Bücher für 108 €. ○
- In der Klasse 7c kann man 15 schöne Bilder sehen. ○
- Am Flohmarktstand werden 235 € eingenommen. ○
- Lisa gibt ihr ganzes Taschengeld von 12 € aus. ○

Die Schüler ____________________

3 Wie viele Stühle werden für das Theaterstück in die Aula gestellt?

- Alle Lehrer spielen etwas vor. ○
- 246 Eltern und Großeltern sind da. ○
- Mona ist seit 2 Wochen krank. ○
- Heute sind 236 Schüler da. ○

Es werden ____________________

4 Von den Einnahmen werden Spielgeräte gekauft. Wie viel kosten sie?

- Die Reifenschaukel hat einen Preis von 213 €. ○
- Murat wünscht sich 12 neue Fußbälle. ○
- 578 € soll das Klettergerüst kosten. ○
- Anna möchte gern mit Lisa 2 Stunden spielen. ○

Die Spielgeräte ____________________

Zu jeder Aufgabe gehören jeweils zwei Informationen.

► Seiten 50/51

Schattenbilder in einer Stadt

1 In den Zeichnungen findest du Winkel. Sie sind markiert.
Male aus: spitze Winkel gelb, rechte Winkel rot und stumpfe Winkel blau.

a)

Ich finde ____ spitze Winkel, ____ rechte Winkel, ____ stumpfe Winkel.

b)

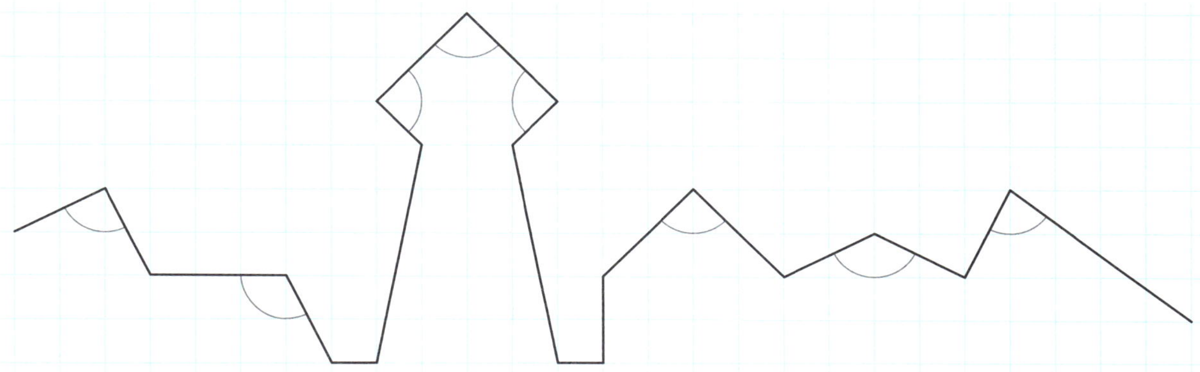

Ich finde ____ spitze Winkel, ____ rechte Winkel, ____ stumpfe Winkel.

c)

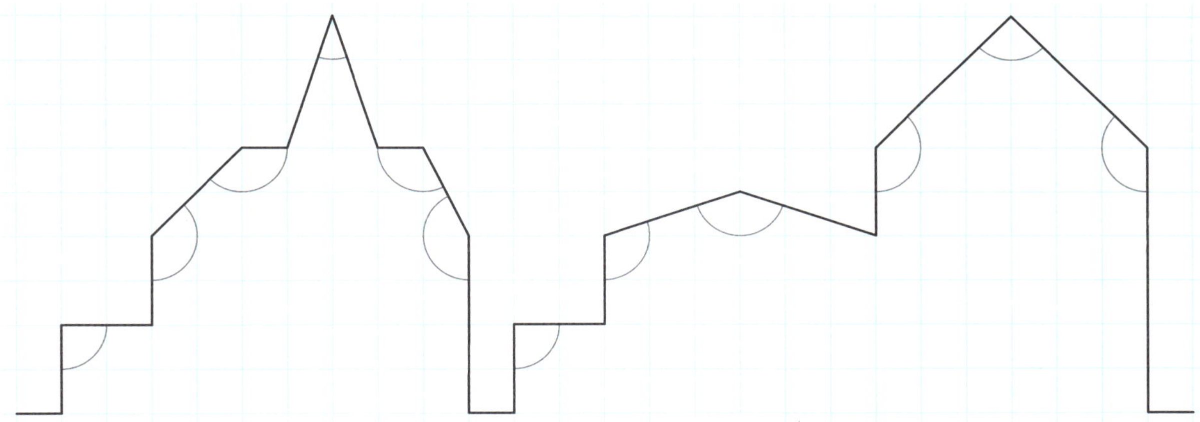

Ich finde ____ spitze Winkel, ____ rechte Winkel, ____ stumpfe Winkel.

2 Außerhalb der Gebäude gibt es auch Winkel.
Zeichne sie farbig ein.

Figuren zeichnen und Winkel finden

Zeichne die Figuren im Punkteraster nach.
Löse dann die Suchaufgabe.

1

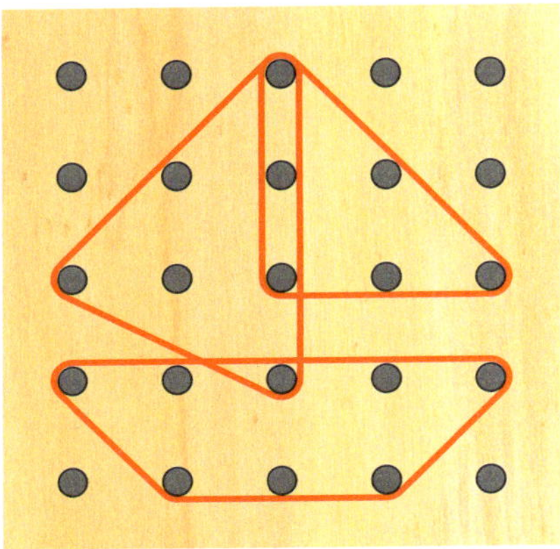

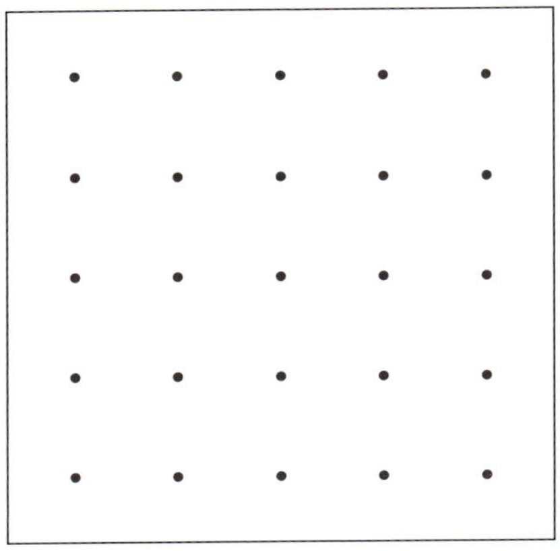

Es gibt ___ spitze Winkel.

2

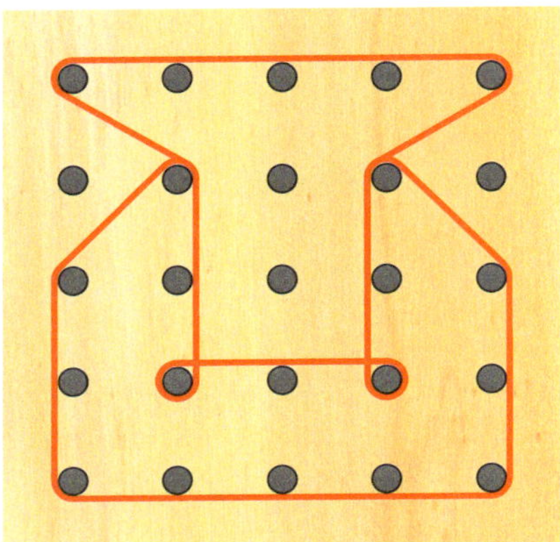

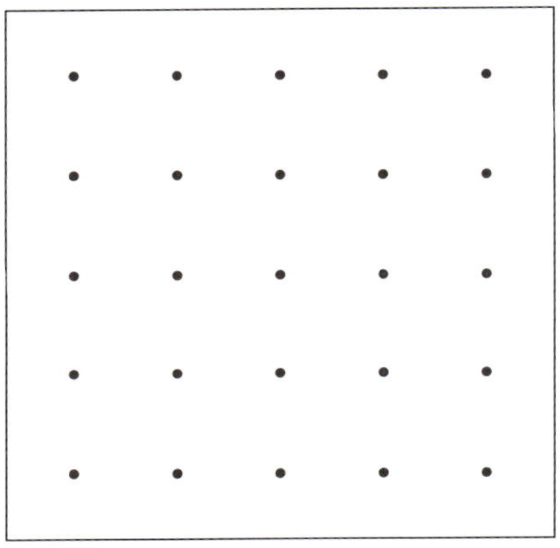

Es gibt ___ rechte Winkel.

3

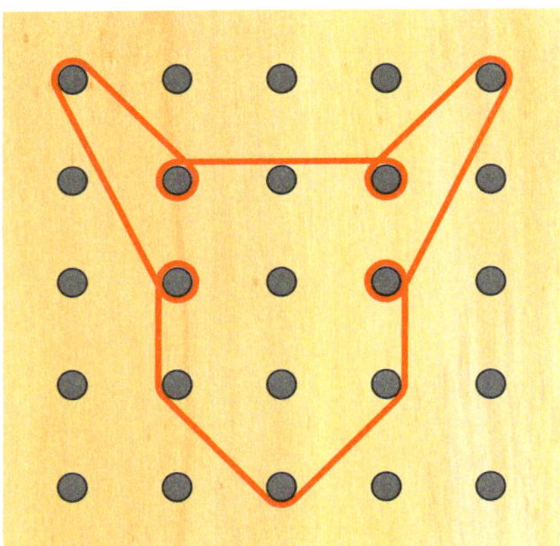

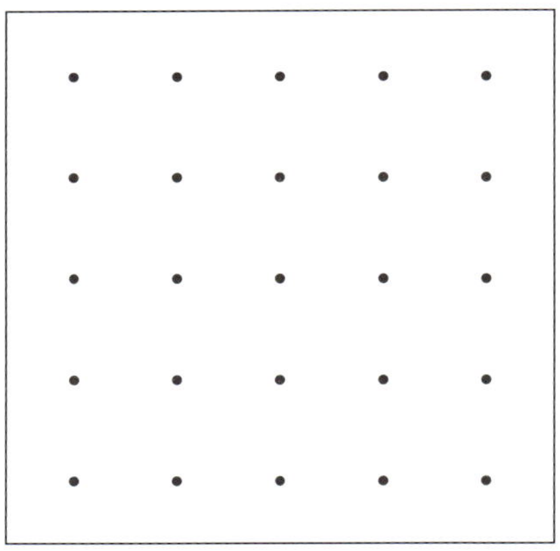

Es gibt ___ stumpfe Winkel.

▸ Seiten 52–55

Figuren ergänzen

Zeichne das Spiegelbild. Die rote Linie ist die Spiegelachse.
Ein Spiegel kann dir helfen. Male aus.

1

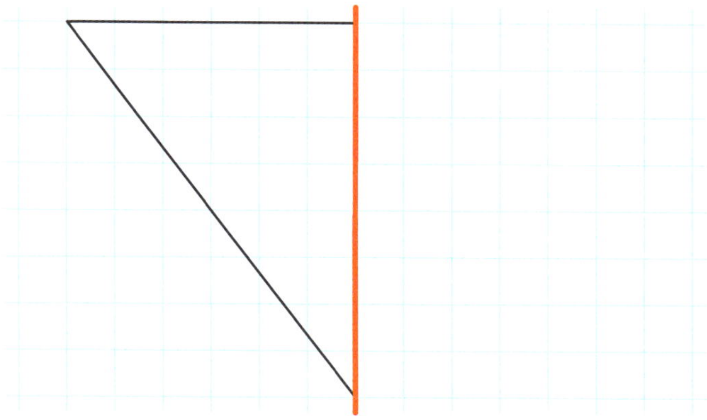

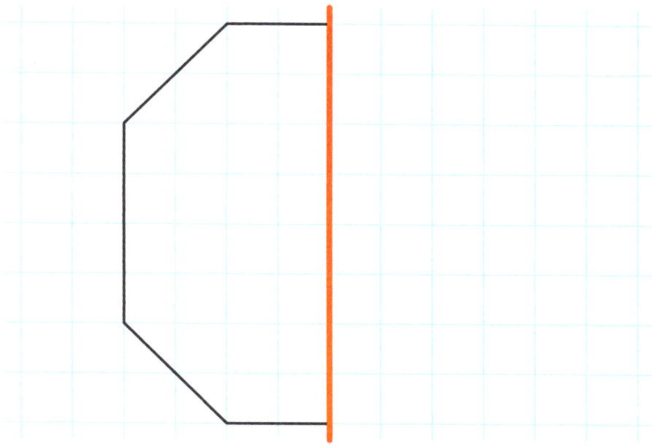

2

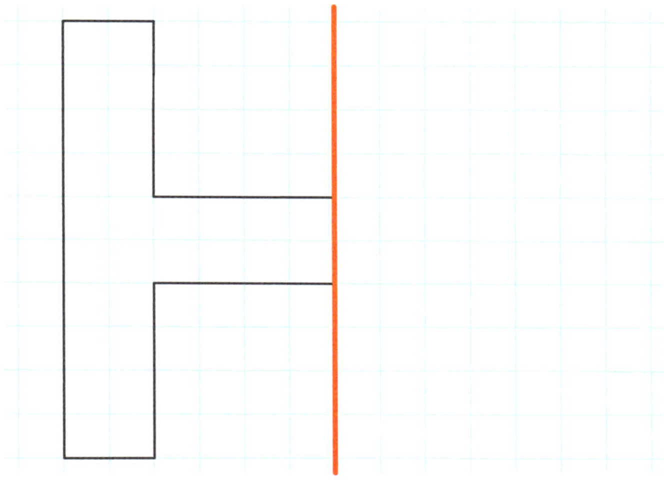

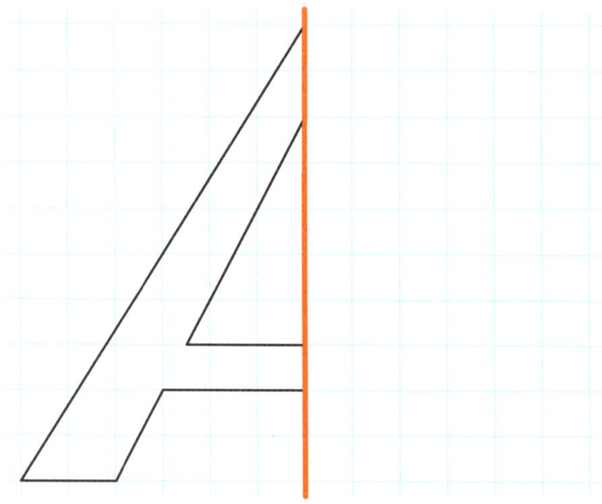

3

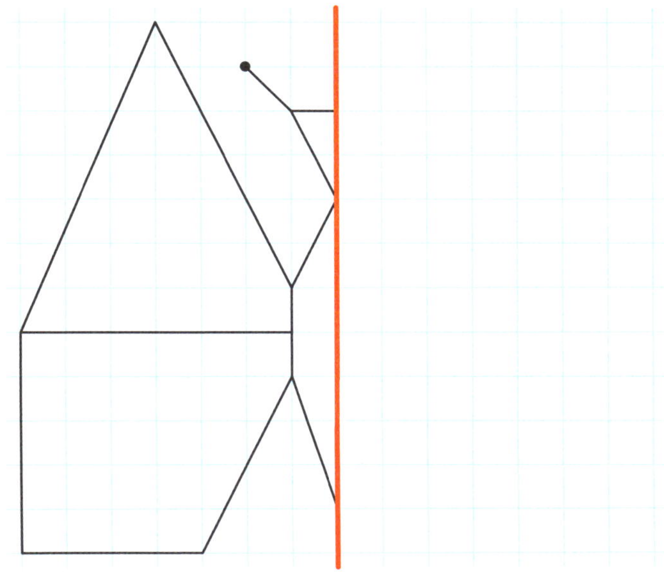

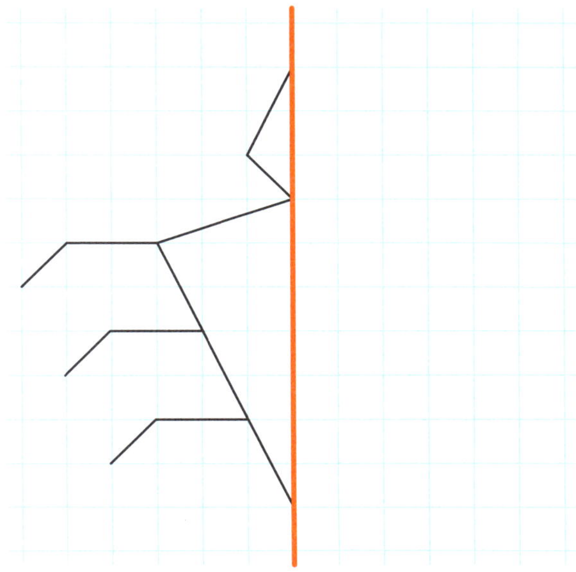

Mündliche und halbschriftliche Subtraktion

1 a)
6 – 4 = ☐
60 – 40 = ☐
600 – 400 = ☐

b)
8 – 2 = ☐
80 – 20 = ☐
800 – 200 = ☐

2 | 6 | 20 | 60 | 200 | 400 | 600

2 a)
5 – ☐ = 3
9 – ☐ = 5

b)
80 – ☐ = 50
50 – ☐ = 30

c)
900 – ☐ = 600
800 – ☐ = 300

2 | 4 | 20 | 30 | 50 | 300 | 500

3 a)
680 – 20 = ☐
760 – 50 = ☐
970 – 60 = ☐

b)
680 – 200 = ☐
760 – 500 = ☐
970 – 600 = ☐

260 | 370 | 480 | 660 | 710 | 730 | 910

4 a)
640 – 220 =
– 200 =
– 20 =

b)
990 – 460 =
– 400 =
– 60 =

c)
870 – 440 =
– 400 =
– 40 =

d)
780 – 170 =
– 100 =
– 70 =

420 | 430 | 520 | 530 | 610

5 a) 640 – 310 =

b) 990 – 640 =

c) 870 – 270 =

d) 780 – 620 =

160 | 330 | 340 | 350 | 600

▸ Seiten 60–62

Halbschriftliche Subtraktion mit Überschreitung

1

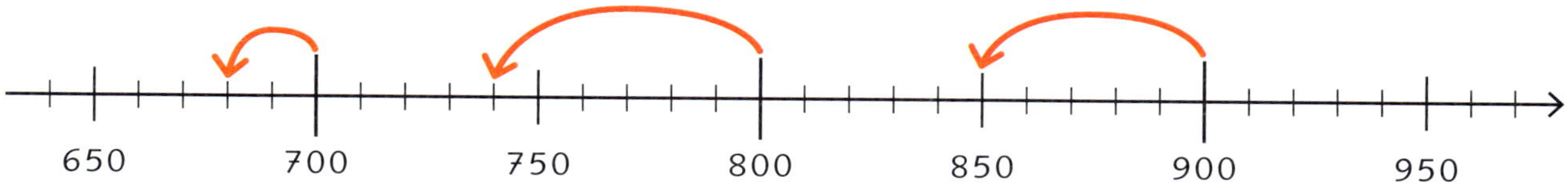

7 0 0 – 2 0 = ☐☐☐ 8 0 0 – 6 0 = ☐☐☐ 9 0 0 – 5 0 = ☐☐☐

2 Rechne mit dem Zahlenstrahl.

a) 7 0 0 – 4 0 = ☐☐☐
8 0 0 – 3 0 = ☐☐☐
9 0 0 – 2 0 = ☐☐☐

b) 7 0 0 – 5 0 = ☐☐☐
8 0 0 – 9 0 = ☐☐☐
9 0 0 – 3 0 = ☐☐☐

650 660 710 770 840 870 880

3

a) 8 2 0 – 5 0
8 2 0 – 2 0 – 3 0 = ☐☐☐

b) 8 2 0 – 9 0
8 2 0 – 2 0 – ☐☐ = ☐☐☐

4 Zerlege und rechne.

a) 5 3 0 – 4 0
5 3 0 – ☐☐ – ☐☐ = ☐☐☐

b) 5 3 0 – 8 0
5 3 0 – ☐☐ – ☐☐ = ☐☐☐

c) 7 1 0 – 7 0
7 1 0 – ☐☐ – ☐☐ = ☐☐☐

d) 7 1 0 – 9 0
7 1 0 – ☐☐ – ☐☐ = ☐☐☐

10 10 10 30 30 50 60 80 450 490 620 640 660

5

a) 7 2 0 – 2 7 0 =
– 2 0 0 =
– 7 0 =

b) 6 6 0 – 3 8 0 =
– 3 0 0 =
– 8 0 =

c) 9 1 0 – 5 7 0 =

d) 8 5 0 – 6 9 0 =

160 190 280 340 450

▸ Seiten 63–65

Schriftliche Subtraktion ohne Übertrag

1 Rechne aus und trage die richtigen Buchstaben in die Kästchen ein.

a)

H Z E	H Z E	H Z E	H Z E	H Z E
8 4 6	9 8 7	7 5 8	6 9 6	7 8 9
− 2 2 1	− 4 3 1	− 3 3 4	− 2 5 4	− 2 5 2

Lösungswort: ☐☐☐☐☐

b)

H Z E	H Z E	H Z E	H Z E	H Z E
5 8 6	7 9 7	9 5 6	8 7 9	7 7 8
− 1 6 3	− 4 8 6	− 5 2 5	− 7 5 3	− 4 2 1

Lösungswort: ☐☐☐☐☐

126 T | 311 R | 357 E | 421 S | 423 K | 424 U | 431 Ö | 442 M | 537 E | 556 L | 625 B

2 Schreibe stellengerecht untereinander und rechne.
Finde das Lösungswort.

a) 797 − 285 879 − 262 586 − 254 778 − 544 956 − 434

H Z E	H Z E	H Z E	H Z E	H Z E

b) 758 − 241 789 − 557 696 − 354 987 − 435 846 − 411

H Z E	H Z E	H Z E	H Z E	H Z E

Lösungswort: ☐☐☐☐☐☐☐☐☐☐

232 L | 234 O | 332 H | 338 S | 342 A | 435 E | 512 S | 517 O | 522 K | 552 D | 617 C

▸ Seiten 66/67

Schriftliche Subtraktion mit Übertrag bei den Einern

1 Rechne aus. Achte auf die Rechenzeile.

H	Z	E
4	8	3
– 1	6	5

H	Z	E
6	4	6
– 1	2	8

H	Z	E
5	4	8
– 4	2	9

H	Z	E
7	5	2
– 3	3	9

H	Z	E
8	9	5
– 2	5	9

119 318 413 518 636 735

2 Schreibe stellengerecht untereinander und rechne.
Achte auf die Rechenzeile.

a) 678 – 139 597 – 239 763 – 336 894 – 475 491 – 247

b) 772 – 517 583 – 239 875 – 627 984 – 358 871 – 345

244 248 255 344 355 358 419 427 526 539 626

3 Welche Ziffern fehlen?

H	Z	E
5	8	4
– 2	3	
		2

H	Z	E
	6	12
6	~~7~~	~~2~~
–	3	6
4	3	

H	Z	E
		11
9	~~5~~	~~1~~
– 1	2	6
8		5

H	Z	E
9	~~8~~	~~6~~
– 2	5	
		8

H	Z	E
	6	13
8	~~7~~	~~3~~
–		
6	5	7

▸ Seiten 68–71

Schriftliche Subtraktion mit Übertrag bei den Zehnern

1 Schreibe stellengerecht untereinander und rechne.
Achte auf die Rechenzeile.

a) 736 – 472   825 – 283   918 – 621   549 – 167   667 – 395

H	Z	E

b) 829 – 368   657 – 293   568 – 374   715 – 254   934 – 542

H	Z	E

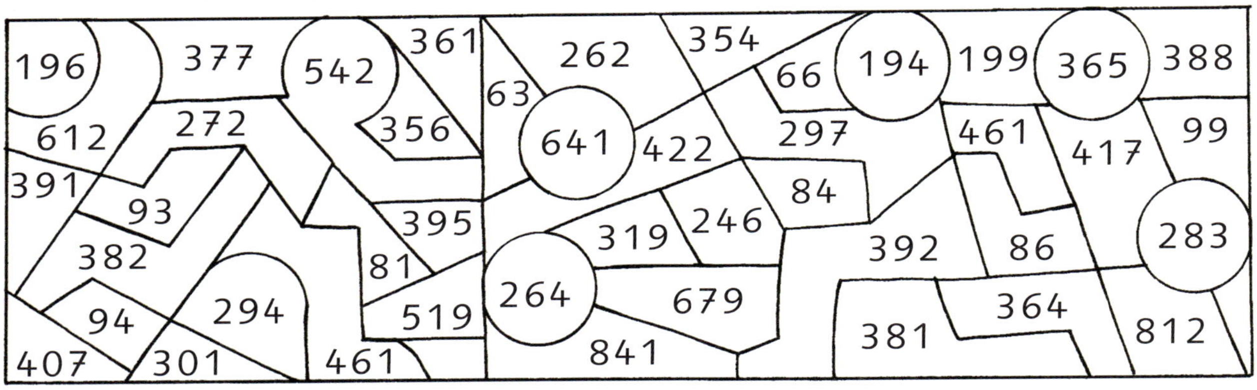

2 Frau Buss hat in ihrer Briefmarkensammlung 635 Marken. Auf der Tauschbörse kann sie 273 Marken verkaufen.

Wie viele Briefmarken hat sie noch?

Antwort: Frau Buss hat ______________________

____

____

____

► Seiten 72/73

Sachaufgaben zur Subtraktion

1 Das Dorf Wenden hat 978 Einwohner.
Davon sind 315 Kinder und Jugendliche.

Wie viele Erwachsene leben in Wenden?

Antwort: In Wenden leben ______________________

____

2 Frau Bödecker hat 428 € auf ihrem Konto.
Sie kauft sich ein Fahrrad für 245 €.

Wie viel Geld hat sie noch auf ihrem Konto?

Antwort: Frau Bödecker hat ______________________

____

3 Viele Schüler des Schulzentrums sind krank.
Von 672 Schülern sind heute nur 518 zur Schule gekommen.

Frage: ______________________________________

____

____

Antwort: Heute sind ______________________

____

4 Zum Tüfteln: Welche Zahl erhältst du, wenn du alle Ergebnisse der Aufgaben zusammenzählst?

Das Ergebnis ist: ______________________

▸ Seiten 72/73

Im Zirkus

Prüfe zuerst, welche Informationen du zur Lösung brauchst.
Kreuze an. Löse die Aufgabe.

1 Wie viele Plätze sind noch frei?

- Der Löwe kann 8 m weit springen. ◯
- Es sind 125 Besucher zur Vorstellung gekommen. ◯
- Die Giraffen fressen an jedem Tag 3 kg Heu. ◯
- Im Zirkuszelt finden 342 Besucher Platz. ◯

Es sind ______________________

2 Wie viel Geld bleibt nach der Fütterung der Tiere übrig?

- Heute ist die Schulvorstellung mit 245 Kindern. ◯
- Der Zirkus hat 989 € für das Futter zur Verfügung. ◯
- Clown Mark kann mit 6 Bällen jonglieren. ◯
- Das Futter für die Tiere kostet 745 €. ◯

Es bleiben ______________________

3 Wie viele Freikarten gibt es noch?

- Der Direktor kann 85 Lieder auf der Flöte spielen. ◯
- Für die Vorstellungen gab es 368 Freikarten. ◯
- Die Fröbelschule bekommt 174 Freikarten geschenkt. ◯
- Ole möchte ganz viele Freikarten haben. ◯

Es gibt ______________________

4 Wie viele Popcorntüten bleiben für Clown Mark übrig?

- Ein Supermarkt hat 415 Tüten Popcorn gespendet. ◯
- Nele mag 12 Sorten Eiskrem. ◯
- Die Elefanten essen auch gern Popcorn. ◯
- Alle 242 Kinder bekommen eine Tüte Popcorn. ◯

Für Clown Mark ______________________

Zu jeder Aufgabe gehören jeweils zwei Informationen.

▸ Seiten 72/73

Kreise zeichnen

Gehe genau so vor, wie du es auf den kleinen Bildern links siehst.

Nimm diesen Abstand in den Zirkel:

1

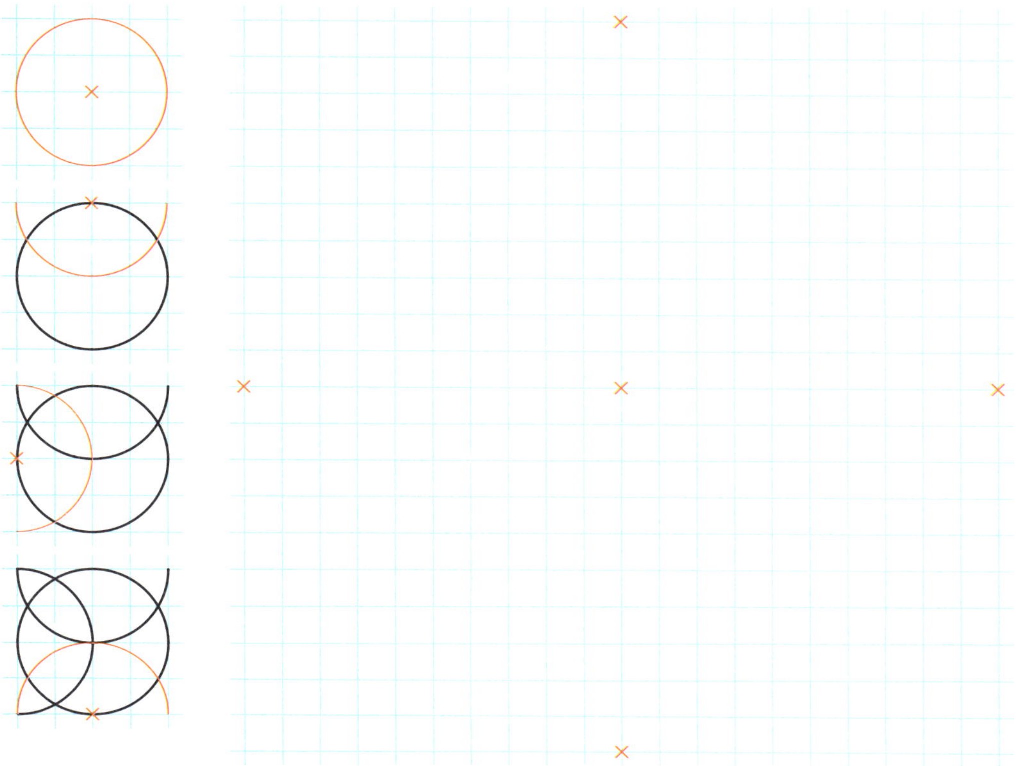

2

▶ Seiten 74–77

Schriftliche Subtraktion mit Probe

1

a)

H	Z	E
7	9	4
− 5	4	3

Probe:

H	Z	E
+		

b)

H	Z	E
5	2	5
− 2	5	1

Probe:

H	Z	E

c)

H	Z	E
9	8	5
− 1	2	7

Probe:

H	Z	E

d)

H	Z	E
6	1	8
− 3	7	7

Probe:

H	Z	E

2

a) 878 – 459

H	Z	E

Probe:

H	Z	E

b) 186 + 162

H	Z	E

Probe:

H	Z	E

3

a) 500 + 100 = ___
500 + 1 = ___

b) 250 + 10 = ___
250 + 100 = ___

c) 900 – 100 = ___
801 – 1 = ___

d) 340 – 10 = ___
340 – 100 = ___

4 Im Kopf oder schriftlich?

a) 984 – 657 = ___

b) 550 – 540 = ___

▸ Seiten 78/79

Schwierige Aufgaben

1 Achte auf den Stellenwert.

a) 872 – 61

H	Z	E

b) 438 – 54

H	Z	E

c) 634 – 15

H	Z	E

d) 745 – 62

H	Z	E

2 Das kannst du im Kopf.

a) 1 0 – 0 = ☐☐ 9 – 0 = ☐ 8 – ☐ = ☐ ☐ – ☐ = ☐

b) 1 0 – 1 0 = ☐☐ 9 – 9 = ☐ 8 – ☐ = ☐ ☐ – ☐ = ☐

3 Aufgaben mit Null

a)

	H	Z	E
	3	8	9
–	1	4	0

b)

	H	Z	E
	7	2	8
–	3	0	7

c)

	H	Z	E
	5	2	3
–	1	5	0

d)

	H	Z	E
	4	3	9
–		2	5

e)

	H	Z	E
	8	2	5
–	4	1	5

f)

	H	Z	E
	9	3	7
–	2	3	4

g)

	H	Z	E
	6	4	2
–	1	7	2

h)

	H	Z	E
	2	9	4
–		7	4

4 Im Kopf oder schriftlich?

a) 7 4 5 – 4 5 = ☐☐☐

b) 9 4 3 – 2 6 3 = ☐☐☐

c) 8 1 9 – 6 2 7 = ☐☐☐

▶ Seiten 80/81

Übung

1 Subtrahiere von jeder Zahl 38 und addiere zu jeder Zahl 62.

~~639~~ 175 852 263 738

	H	Z	E
	6	3	9
–		3	8

	H	Z	E
	6	3	9
+		6	2

2 a) 100 200 100

b) 250 50 150

c) 750, 200, 150

d) 1 000

3 Finde die Fehler. Kannst du sie erklären?

a)

	H	Z	E
	3	7	2
–	1	2	3
	2	5	5

b)

	H	Z	E
			11
	2	~~5~~	~~1~~
–	1	2	7
	1	3	4

c)

	H	Z	E
	6	8	5
–	2	5	
	4	3	5

d)

	H	Z	E
	9	5	9
–	7	5	0
	2	5	9

4 Du hast 152 € gespart.
Was würdest du dir kaufen?
Wie viel Geld bleibt übrig?

Antwort: *Ich würde mir*

► Seiten 82–84

5 Trage ein: H, Z, E. Rechne.

	H	Z	E
	4	5	6
−	3	4	5

	2	6	2
−	1	2	7

	6	5	4
−	1	3	4

	8	4	9
−	2	0	3

	7	6	4
−		2	6

6 Trage ein: H, Z, E. Rechne auch die Umkehraufgaben.

a)

	H	Z	E
	9	5	1
−	2	1	5

	H	Z	E
	7	3	6
+	2	1	5

b)

	5	1	8
−	3	6	4

+			

c)

	6	6	6
−		5	5

+			

d)

	7	9	5
−	6	0	4

+			

7 Schriftlich oder im Kopf?

678 - 78 199 + 217 428 − 164 666 + 222 721 − 718

8 Welche Ziffern fehlen?

	H	Z	E
	6	5	3
−	1		3
	4	3	

	H	Z	E
	9		8
−	1	3	
		4	8

	H	Z	E
		9	
−	3		7
	6	0	0

	H	Z	E
	~~7~~	~~2~~	8
−	2	3	
		9	3

	H	Z	E
		12	
	~~6~~		9
−		5	
	3	7	3

▸ Seite 85

Rauminhalt

1 In welches Gefäß passt mehr hinein? Kreise ein.

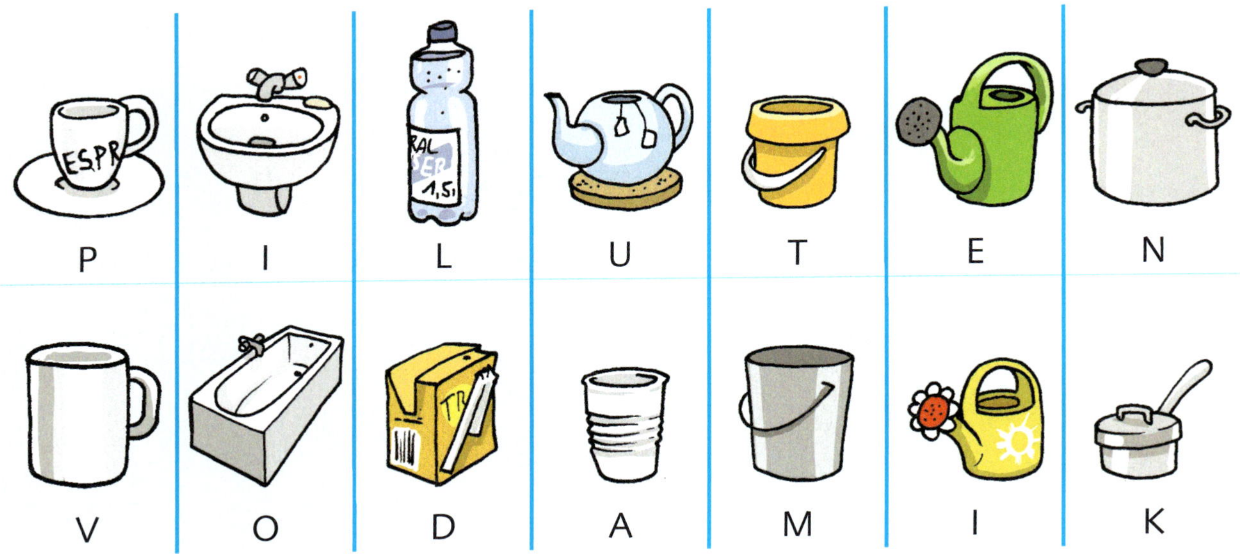

Die Lösungsbuchstaben ergeben ein anderes Wort für Rauminhalt:

____

2 Ordne die Gefäße nach dem Rauminhalt. Beginne mit dem kleinsten.

Tasse | Badewanne | Kanne | Eierbecher

____

3 In welche Gefäße passt genau 1 Liter? Male aus.

▸ Seiten 86–89

Zehner-Einmaleins

1

a)
2 · 4 = 8
2 · 40 = 80

6 · 4 = ☐
6 · 40 = ☐

7 · 4 = ☐
7 · 40 = ☐

9 · 4 = ☐
9 · 40 = ☐

b)
2 · 6 = ☐
2 · 60 = ☐

6 · 6 = ☐
6 · 60 = ☐

7 · 6 = ☐
7 · 60 = ☐

9 · 6 = ☐
9 · 60 = ☐

c)
2 · 8 = ☐
2 · 80 = ☐

6 · 8 = ☐
6 · 80 = ☐

7 · 8 = ☐
7 · 80 = ☐

9 · 8 = ☐
9 · 80 = ☐

2

·	1	2	3	4	5	6	7	8	9	10
3	3									
30										
7										
70										

3 Welche Aufgaben haben das gleiche Ergebnis? Male sie in einer Farbe an.

2 · 60 | 4 · 70 | 3 · 80 | 7 · 30 | 8 · 70

30 · 8 | 70 · 3 | 20 · 6 | 80 · 7 | 40 · 7

4 Verbinde die Aufgaben mit ihrer Lösung.

3 · 60 | 90 · 2 | 6 · 30 | 4 · 60

180 | 240

6 · 70 | 9 · 20 | 9 · 40 | 3 · 80

420 | 360

7 · 60 | 2 · 60 | 60 · 7 | 6 · 60

▸ Seiten 90/91

Halbschriftliche Multiplikation

1

27 · 2 =
· 2 =
· 2 =

34 · 3 =
· 3 =
· 3 =

26 · 4 =
· 4 =
· 4 =

39 · 2 =
· 2 =
· 2 =

46 · 3 =
· 3 =
· 3 =

63 · 4 =
· 4 =
· 4 =

56 · 2 =
· 2 =
· 2 =

59 · 3 =
· 3 =
· 3 =

37 · 4 =
· 4 =
· 4 =

54 | 78 | 102 | 104 | 112 | 114 | 138 | 148 | 177 | 252

2

78 · 2 =
· 2 =
· 2 =

38 · 5 =
· 5 =
· 5 =

95 · 4 =
· 4 =
· 4 =

56 · 3 =
· 3 =
· 3 =

57 · 4 =
· 4 =
· 4 =

79 · 2 =
· 2 =
· 2 =

38 · 4 =
· 4 =
· 4 =

36 · 5 =
· 5 =
· 5 =

85 · 3 =
· 3 =
· 3 =

152 | 156 | 158 | 168 | 180 | 190 | 218 | 228 | 255 | 380

3 Das Kino überprüft die Kasse.
Heute wurden 37 Karten zu 5 € und 59 Karten zu 4 € verkauft.
Wie viel Geld ist in der Kasse?

In der Kasse sind ________ €.

37 · 5 =
· 5 =
· 5 =

59 · 4 =
· 4 =
· 4 =

€
\+ €
€

Seiten 92/93

4

72 · 6 =	46 · 7 =	63 · 8 =
· 6 =	· 7 =	· 8 =
· 6 =	· 7 =	· 8 =

39 · 6 =	39 · 7 =	28 · 8 =
· 6 =	· 7 =	· 8 =
· 6 =	· 7 =	· 8 =

58 · 6 =	25 · 7 =	74 · 8 =
· 6 =	· 7 =	· 8 =
· 6 =	· 7 =	· 8 =

175 224 234 273 322 348 432 504 508 592

5

46 · 6 =	75 · 9 =	95 · 8 =
· 6 =	· 9 =	· 8 =
· 6 =	· 9 =	· 8 =

26 · 8 =	59 · 6 =	43 · 9 =
· 8 =	· 6 =	· 9 =
· 8 =	· 6 =	· 9 =

82 · 6 =	38 · 9 =	96 · 8 =
· 6 =	· 9 =	· 8 =
· 6 =	· 9 =	· 8 =

208 276 342 354 356 387 492 675 760 768

6

Im Kino lief ein Film mit Überlänge. Es wurden 42 Karten zu 6 € und 87 Karten zu 8 € verkauft. Wie viel Geld ist in der Kasse?

In der Kasse sind ________ €.

42 · 6 =
· 6 =
· 6 =

87 · 8 =
· 8 =
· 8 =

€
\+ €
€

► Seiten 92/93

Kellner müssen rechnen können

Prüfe zuerst, welche Informationen du zur Lösung brauchst.
Kreuze an. Löse die Aufgabe.

1 Wie viele Plätze hat die Pizzeria Bianca?

In der Pizzeria stehen 18 Tische. ○
Jeder Tisch hat 4 Tischbeine. ○
An jedem Tisch stehen 6 Stühle. ○
Die Pizzeria hat montags geschlossen. ○

Die Pizzeria ______________________________

2 Wie viele Blumen werden gebraucht?

Die Tische sind rund. ○
Auf jedem Tisch stehen 2 Kerzen. ○
Bianca mag bunte Sträuße. ○
Sie will auf jeden Tisch 5 Rosen stellen. ○

Es werden ______________________________

3 Wie viele Teller braucht Paolo?

Paolo deckt 14 Tische ein. ○
Er holt große Teller. ○
Alle Tische haben weiße Tischdecken. ○
Jeder Tisch hat 6 Plätze. ○

Paolo ______________________________

4 Wie viele Gläser stellt Silvio auf die Tische?

Silvio stellt Gläser mitten auf die Tische. ○
Er nimmt für jeden Tisch 3 Weingläser. ○
Silvio deckt nur die Tische mit Tellern. ○
Ein Glas ist in 1 000 Stücke zerbrochen. ○

Silvio ______________________________

► Seiten 94/95

Schriftliche Multiplikation

1

43 · 2 | 93 · 3 | 12 · 4 | 72 · 2 | 93 · 2

84 · 2 | 52 · 3 | 81 · 4 | 41 · 3 | 73 · 3

61 · 2 | 11 · 3 | 62 · 4 | 71 · 4 | 52 · 4

2

41 · 5 | 21 · 6 | 11 · 7 | 41 · 8 | 41 · 9

31 · 5 | 51 · 6 | 51 · 7 | 61 · 8 | 51 · 9

61 · 5 | 91 · 6 | 71 · 7 | 81 · 8 | 61 · 9

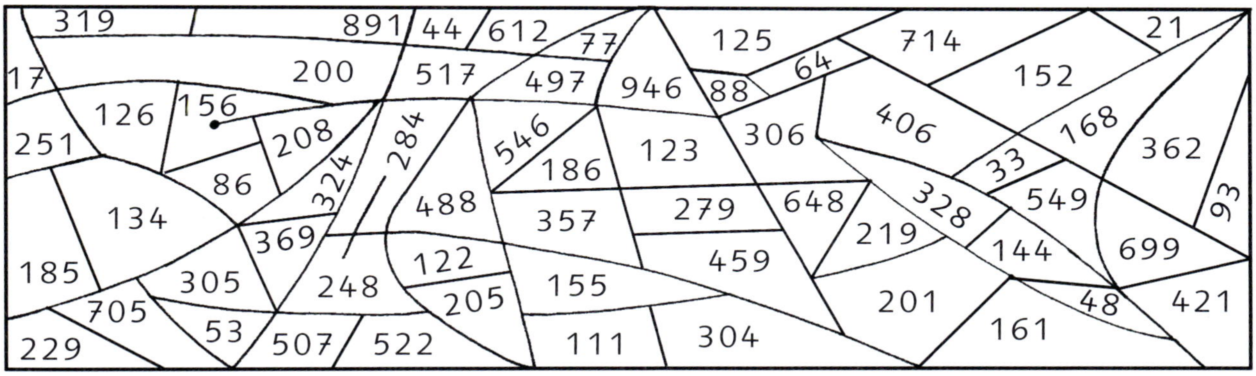

3 Am Imbiss wurden 42 Brötchen mit Currywurst zu 3 € und 81 Würstchen zu 2 € verkauft. Wie viel Geld ist in der Kasse?

In der Kasse sind ________ €.

42 · 3

81 · 2

€
\+ €

€

126 | 162 | 268 | 288

Der Kalender

1 Markiere farbig:

blau: alle Dienstage
gelb: alle Freitage
rot: alle Sonntage

September

Mo		3	10	17	24
Di		4	11	18	25
Mi		5	12	19	26
Do		6	13	20	27
Fr		7	14	21	28
Sa	1	8	15	22	29
So	2	9	16	23	30

2 Welcher Wochentag ist das?

Datum	12.9.	24.9.	1.9.
Wochentag			

Datum	30.9.	15.9.	6.9.
Wochentag			

3 Ergänze.

3 Wochen = ____ Tage
4 Wochen = ____ Tage
15 Wochen = ____ Tage
____ Wochen = 35 Tage
____ Wochen = 63 Tage

4 Ergänze.

2 Jahre = ____ Monate
5 Jahre = ____ Monate
7 Jahre = ____ Monate
____ Jahr = 12 Monate
____ Jahre = 48 Monate

5 Monas kleine Schwester ist jetzt 18 Monate alt.

Vor wie vielen Monaten war ihr erster Geburtstag?

Antwort: ______________________

____

____

▸ Seiten 100/101

Die Uhrzeit

1 Was gehört zusammen? Verbinde.

 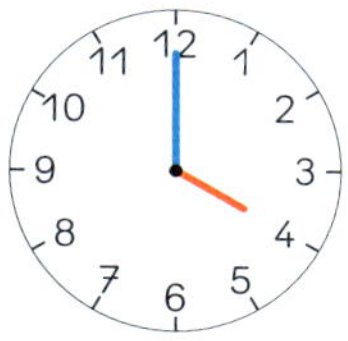  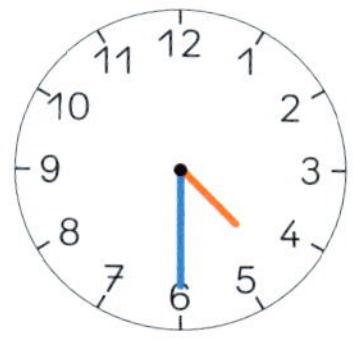

4 Uhr	Viertel nach 4	halb 5	Viertel vor 5

2 Zeichne die Zeiger ein.

a) 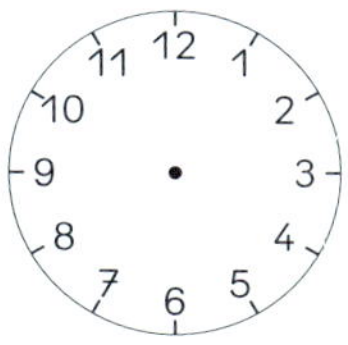 7 Uhr

b) 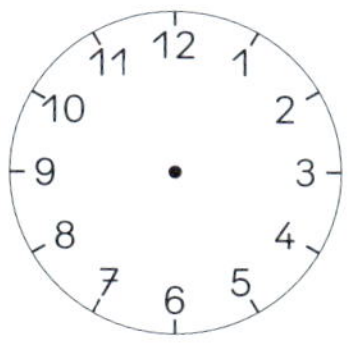 Viertel nach 7

c) 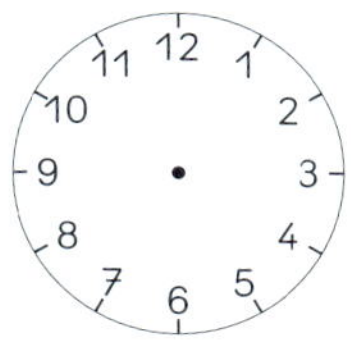 halb 8

d) 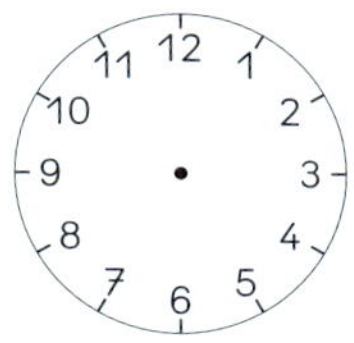 Viertel vor 8

e) 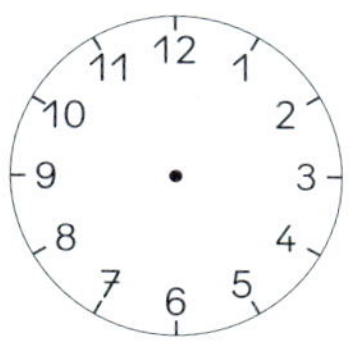 9 : 1 5 Uhr

f) 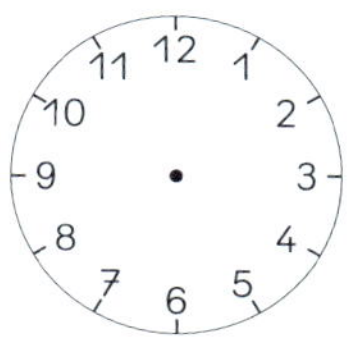 9 : 4 5 Uhr

g) 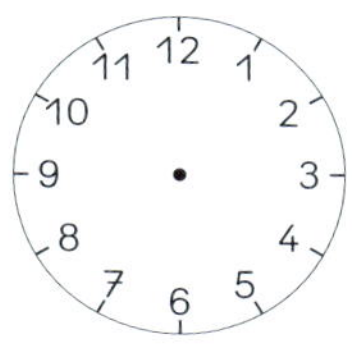 9 : 3 0 Uhr

h) 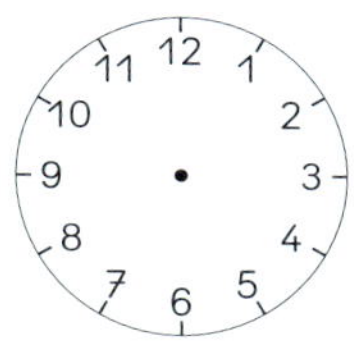 9 : 0 0 Uhr

3 Was gehört zusammen? Verbinde.

Viertel vor 11	halb 11	10 Uhr	Viertel nach 10

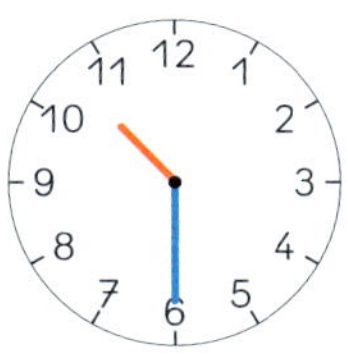   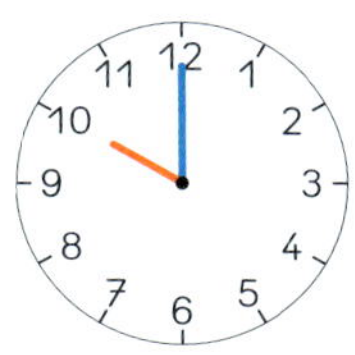

1 0 : 3 0 Uhr	1 0 : 1 5 Uhr	1 0 : 4 5 Uhr	1 0 : 0 0 Uhr

▸ Seiten 102/103

Wie spät ist es genau?

1 Welche Uhren gehören zusammen? Verbinde.

8 : 55 Uhr	8 : 10 Uhr	8 : 25 Uhr	8 : 40 Uhr

2 Zeichne den großen Zeiger blau ein.

a) 
9 : 20 Uhr

b) 
9 : 50 Uhr

c) 
9 : 35 Uhr

d) 
9 : 05 Uhr

e) 
4 : 10 Uhr

f) 
4 : 40 Uhr

g) 
4 : 55 Uhr

h) 
4 : 25 Uhr

3 Zeichne die Zeiger ein.

a) 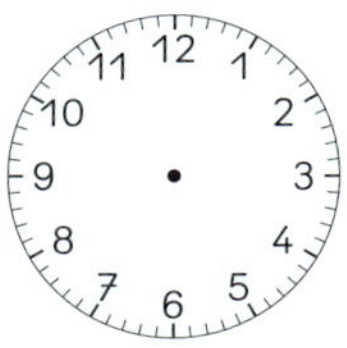
3 : 40 Uhr

b) 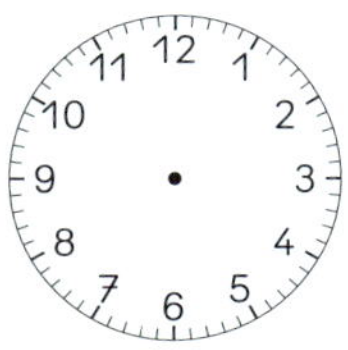
10 : 20 Uhr

c) 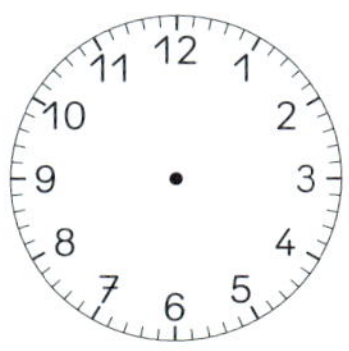
6 : 10 Uhr

d) 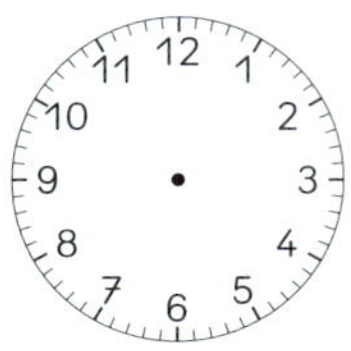
8 : 50 Uhr

e) 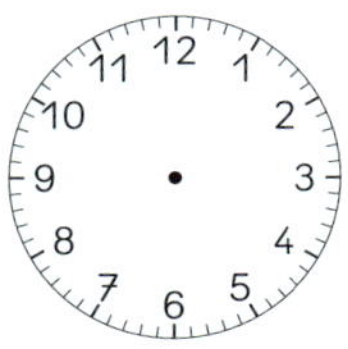
2 : 35 Uhr

f) 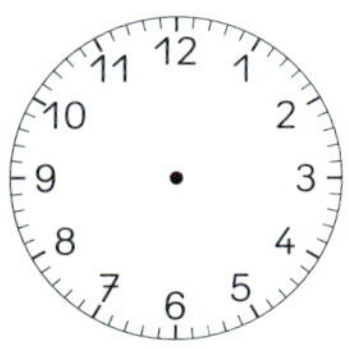
9 : 25 Uhr

g) 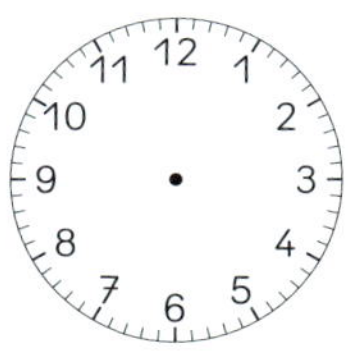
1 : 15 Uhr

h) 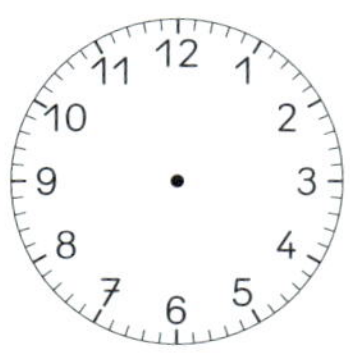
11 : 05 Uhr

▸ Seite 104

4 Welche Uhren gehören zusammen? Verbinde.

5 : 1 8 Uhr	5 : 2 6 Uhr	5 : 5 2 Uhr	5 : 3 4 Uhr

5 Zeichne den großen Zeiger blau ein.

a) 
2 : 1 4 Uhr

b) 
2 : 4 9 Uhr

c) 
2 : 0 7 Uhr

d) 
2 : 2 1 Uhr

e) 
1 0 : 3 8 Uhr

f) 
1 0 : 1 9 Uhr

g) 
1 0 : 0 3 Uhr

h) 
1 0 : 4 1 Uhr

6 Zeichne die Zeiger ein.

a) 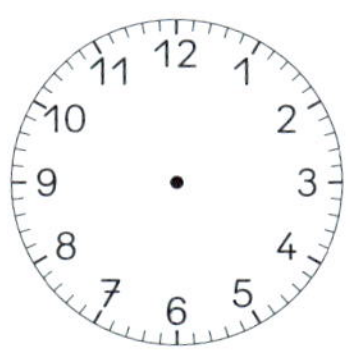
8 : 0 3 Uhr

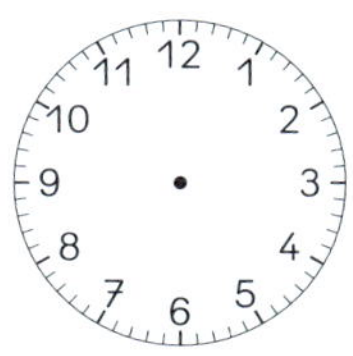
1 : 5 6 Uhr

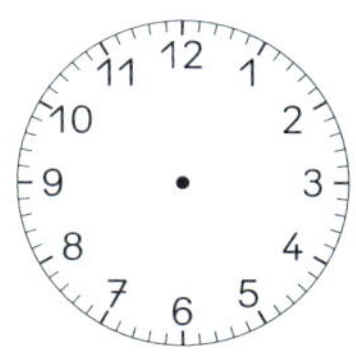
4 : 2 7 Uhr

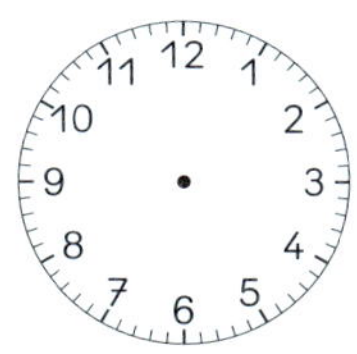
1 1 : 3 2 Uhr

b) 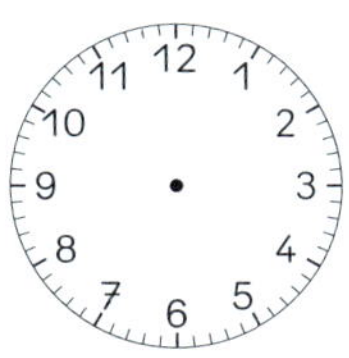
5 : 1 9 Uhr

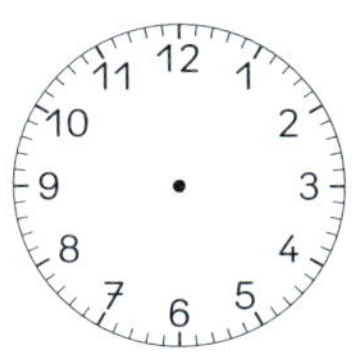
6 : 4 3 Uhr

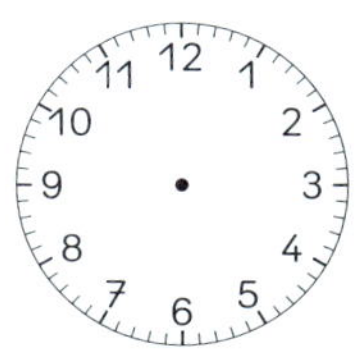
1 0 : 0 8 Uhr

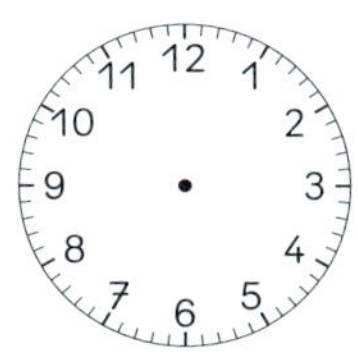
1 : 5 7 Uhr

▶ Seite 105

Stunden, Minuten und Sekunden

1

4 h = ____ min
7 h = ____ min
1 h = ____ min
10 h = ____ min
9 h = ____ min

1 h = 60 min

2

a)

1 h	
40 min	
	35 min
10 min	
15 min	
	5 min

b)

1 h	
27 min	
	43 min
36 min	
58 min	
	19 min

3 Oles Fußballtraining dauert eigentlich 1 Stunde. Heute muss Ole schon nach 40 Minuten gehen.

Wie viel Trainingszeit verpasst er?

Antwort: *Ole verpasst* ____________________

____

4

a)

2 min	3 min	4 min	5 min	6 min	7 min	8 min
120 s						

b)

10 min	14 min	11 min	15 min	13 min	12 min	16 min

5 Vergleiche. >, < oder =?

a)
1 min ◯ 80 s
2 min ◯ 140 s
3 min ◯ 170 s
4 min ◯ 220 s
4 min ◯ 240 s

b)
5 min ◯ 290 s
6 min ◯ 360 s
7 min ◯ 440 s
9 min ◯ 500 s
9 min ◯ 530 s

c)
8 min ◯ 500 s
8 min ◯ 450 s
1 min ◯ 60 s
10 min ◯ 620 s
11 min ◯ 700 s

▸ Seiten 106 / 107

Zeitpunkte und Zeitdauer

1 a) Rechne 3 Stunden dazu.

4 : 10 Uhr ________ Uhr

8 : 50 Uhr ________ Uhr

b) Rechne 6 Stunden dazu.

2 : 30 Uhr ________ Uhr

13 : 40 Uhr ________ Uhr

2 a) Rechne 10 Minuten dazu.

9 : 20 Uhr ________ Uhr

17 : 35 Uhr ________ Uhr

b) Rechne 7 Minuten dazu.

6 : 52 Uhr ________ Uhr

10 : 18 Uhr ________ Uhr

3 Murat möchte seine Oma besuchen. Er geht um 15:30 Uhr zu Hause los und braucht 25 Minuten für den Weg.

Wann kommt er bei seiner Oma an?

Antwort: *Murat* ________________________________

4 a) Rechne 2 Stunden zurück.

________ Uhr 7 : 50 Uhr

________ Uhr 18 : 25 Uhr

b) Rechne 20 Minuten zurück.

________ Uhr 9 : 40 Uhr

________ Uhr 21 : 55 Uhr

5 a) Wie viele Minuten sind vergangen?

____ min

____ min

____ min

b) Einige Minuten sind vergangen. Wo steht der große Zeiger? Zeichne ein.

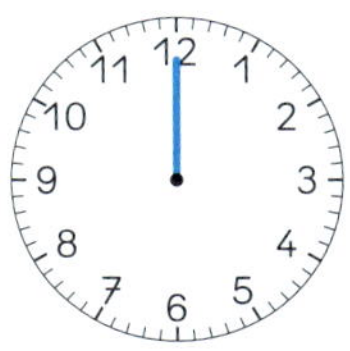
10 min

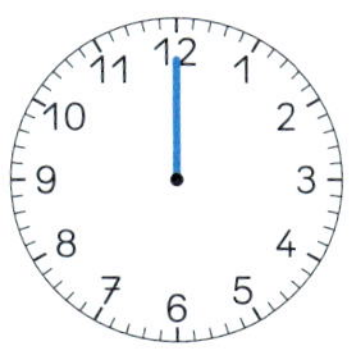
40 min

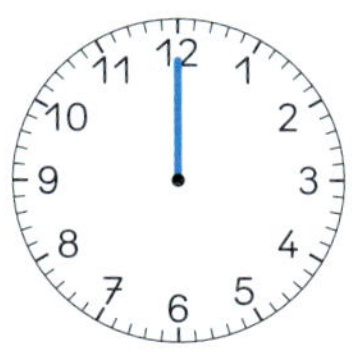
25 min

▸ Seiten 108–111

Umfänge bestimmen

1

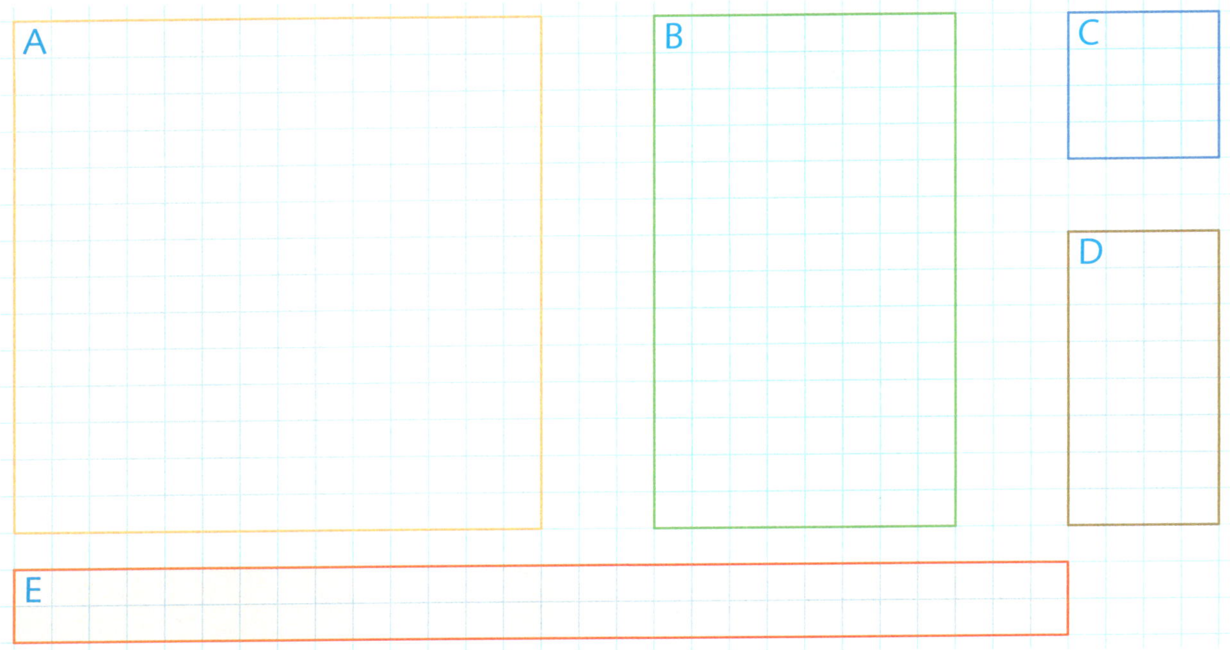

Miss die Seitenlängen der Figuren aus. Berechne den Umfang.

a) Umfang von A: ____ cm + ____ cm + ____ cm + ____ cm = ______ cm

Umfang von B: ____ cm + ____ cm + ____ cm + ____ cm = ______ cm

Umfang von C: ____ cm + ____ cm + ____ cm + ____ cm = ______ cm

Umfang von D: ____ cm + ____ cm + ____ cm + ____ cm = ______ cm

Umfang von E: ____ cm + ____ cm + ____ cm + ____ cm = ______ cm

b) Kreuze an.

Den größten Umfang hat: ☐ A ☐ B ☐ C ☐ D ☐ E

Den kleinsten Umfang hat: ☐ A ☐ B ☐ C ☐ D ☐ E

2 Zeichne zwei verschiedene Rechtecke mit dem Umfang 18 cm.

► Seiten 114–117

Körper

1 a) Wie heißen die Körper?
Beschrifte die Abbildungen: Kugel, Quader, Würfel, Zylinder.

b) Zähle die Ecken, Kanten und Fläche. Trage ein.

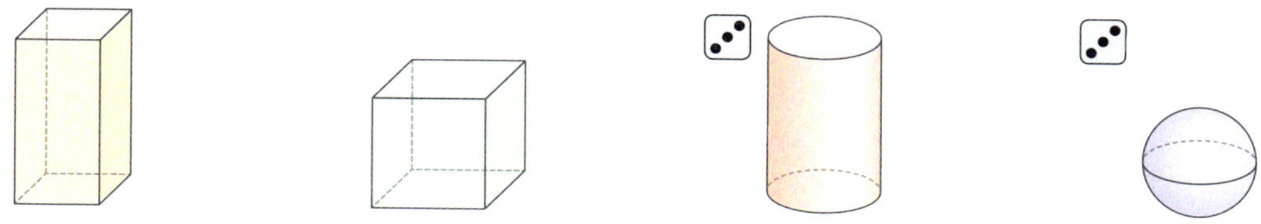

☐ Ecken	☐ Ecken	☐ Ecken	☐ Ecken
☐ Kanten	☐ Kanten	☐ Kanten	☐ Kanten
☐ Flächen	☐ Flächen	☐ Flächen	☐ Flächen

2 a) Male die Grundfläche grün aus.

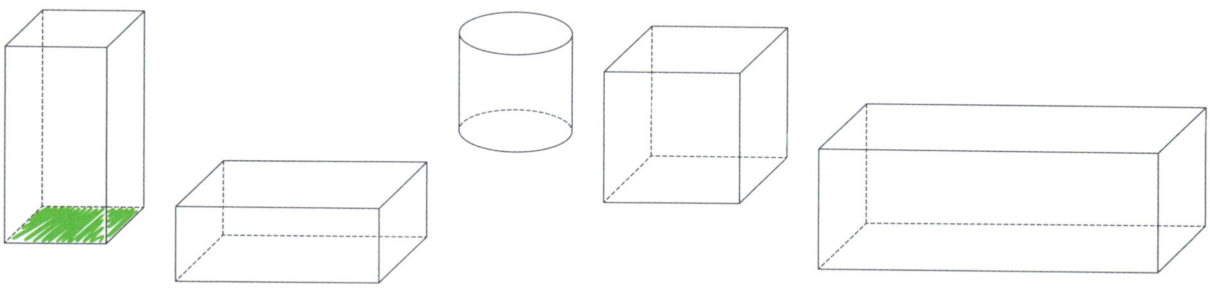

b) Die Fläche, auf der ein Körper steht, heißt ______________________.

3 Welche Grundfläche gehört zu welchem Körper? Verbinde.

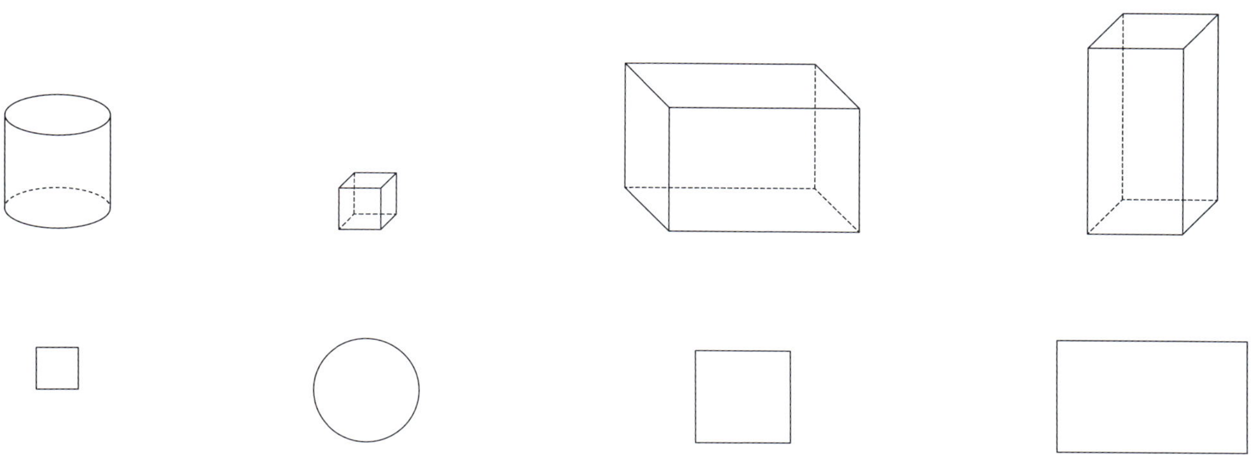

Halbschriftliche Division

1

1 0 6 : 2 = : 2 = : 2 =	1 7 1 : 3 = : 3 = : 3 =	3 6 4 : 4 = : 4 = : 4 =
1 3 4 : 2 = : 2 = : 2 =	1 9 2 : 3 = : 3 = : 3 =	1 8 4 : 4 = : 4 = : 4 =
1 3 8 : 2 = : 2 = : 2 =	1 1 7 : 3 = : 3 = : 3 =	2 3 2 : 4 = : 4 = : 4 =

39 | 46 | 53 | 57 | 58 | 64 | 67 | 69 | 91 | 94

2

2 5 2 : 6 = : 6 = : 6 =	1 6 1 : 7 = : 7 = : 7 =	1 3 6 : 8 = : 8 = : 8 =
5 5 8 : 6 = : 6 = : 6 =	1 2 6 : 7 = : 7 = : 7 =	5 4 4 : 8 = : 8 = : 8 =
3 7 8 : 6 = : 6 = : 6 =	5 0 4 : 7 = : 7 = : 7 =	3 6 0 : 8 = : 8 = : 8 =

17 | 18 | 23 | 28 | 42 | 45 | 63 | 68 | 72 | 93

3 Das neue Kino war gut besucht.
In der Kasse waren 864 €.
Jede Eintrittskarte kostete 9 €.
Der Saal hat 118 Sitzplätze.

8 6 4 : 9 =
: 9 =
: 9 =

1 1 8
−

a) Wie viele Zuschauer gab es? Es gab ______________.

b) Wie viele Plätze blieben frei? Es blieben ______________.

► Seiten 122/123

Auf dem Bauernhof

Prüfe zuerst, welche Informationen du zur Lösung brauchst.
Kreuze an. Löse die Aufgabe.

1 Wie viele Kühe hat Bauer Hans?

- Jede Kuh gibt 8 l Milch am Tag. ○
- Eine Kuh bekommt 5 kg Futter. ○
- Alle Kühe liefern 240 l Milch am Tag. ○
- 12 von seinen Kühen stehen im Stall. ○

Bauer Hans ______

2 Wie viele Säcke Futter erhält Bäuerin Maria?

- In der Scheune lagert der Vorrat. ○
- Maria kauft 385 kg Futter. ○
- Jede Kuh bekommt täglich 3 kg Futter. ○
- In einem Sack sind 5 kg Futter. ○

Bäuerin Maria ______

3 Wie viele Eierkartons braucht Bauer Hans heute?

- Bauer Hans hat 356 Hühner. ○
- Heute haben sie 324 Eier gelegt. ○
- Er packt die Eier in 6er-Kartons. ○
- Die Hähne krähen auf dem Mist. ○

Bauer Hans ______

4 Wie viele Apfelbäume hat die Bäuerin?

- Bäuerin Maria isst im Jahr 364 Äpfel. ○
- Ihr Lieblingsapfel heißt Elstar. ○
- Sie hat einen Garten. ○
- In allen 4 Ecken steht ein Apfelbaum. ○

Bäuerin Maria ______

▸ Seiten 122/123

Euro und Cent

1

€	3 €	5 €			7 €		
ct	*300 ct*		200 ct	800 ct		100 ct	1 000 ct

2 Schreibe in die Stellenwerttafel.

a)

	€	ct	
614 ct	*6*	*1*	*4*
892 ct			
573 ct			
144 ct			

b)

	€	ct	
2,54 €			
7,13 €			
9,26 €			
4,81 €			

c)

	€	ct	
3,71 €			
529 ct			
186 ct			
9,81 €			

3 Schreibe in €.

a)

€	ct		
9	5	7	*9,57 €*
2	6	1	
3	4	2	
7	5	8	

b)

€	ct		
4	3	9	
1	7	5	
8	9	6	
5	1	4	

c)

€	ct		
7	1	3	
6	2	7	
4	8	9	
5	7	0	

4 Schreibe in €.

a) 

b) 

c) 

d) 

e) 

f) 

g) 

h) 

▸ Seiten 124/125

Addition und Subtraktion von Geldbeträgen

Schreibe in die Stellenwerttafel und rechne.

1 a) 5,36 € + 2,43 € b) 8,72 € + 1,14 € c) 3,61 € + 2,07 €

	€	ct
+		

2 a) 1,72 € + 6,80 € b) 4,55 € + 4,39 € c) 5,78 € + 3,14 €

	€	ct
+		

3 a) 9,15 € – 6,02 € b) 3,75 € – 1,44 € c) 7,28 € – 5,10 €

	€	ct
–		

4 a) 6,46 € – 2,70 € b) 8,93 € – 4,56 € c) 5,38 € – 1,92 €

	€	ct
–		

2,18 € | 2,31 € | 3,13 € | 3,46 € | 3,76 € | 4,37 € | 4,46 € | 5,68 € | 7,79 € | 8,52 € | 8,92 € | 8,94 € | 9,86 €

▸ Seiten 126/127

Ergänzen von Geldbeträgen

1 Wie viel fehlt zum vollen Euro? Male aus.

a) 40 ct, 80 ct, 50 ct, 30 ct, 10 ct, 35 ct, 15 ct, 75 ct, 45 ct, 5 ct

b) 26 ct, 94 ct, 53 ct, 12 ct, 79 ct, 81 ct, 37 ct, 49 ct, 68 ct, 24 ct

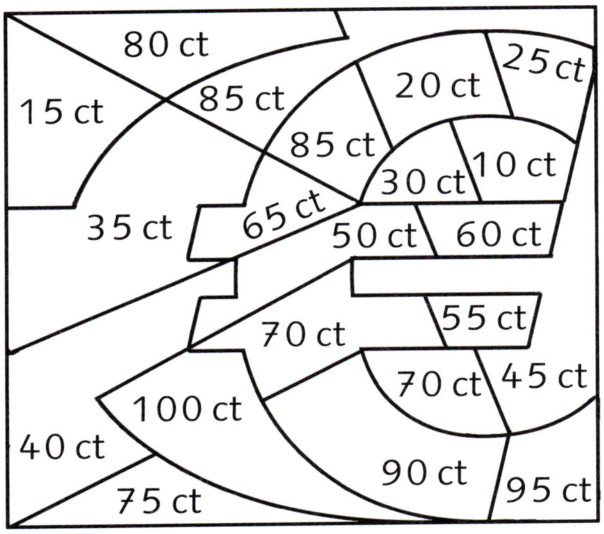

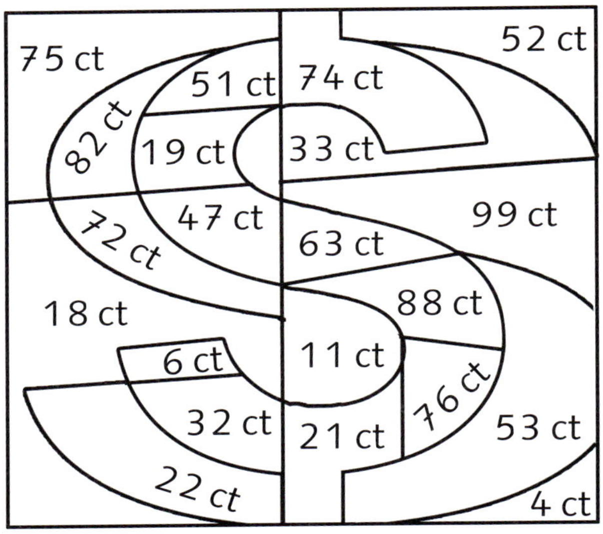

2 a)

2 €	
1,90 €	*10 ct*
1,40 €	
1,70 €	
1,20 €	
1,50 €	

b)

2 €	
1,65 €	*35 ct*
1,25 €	
1,85 €	
1,95 €	
1,55 €	

c)

5 €	
4,50 €	*50 ct*
4,30 €	
4,60 €	
4,80 €	
4,10 €	

3 Mona kauft Erdbeeren für 2,15 €. Sie gibt der Verkäuferin 3 €.

Wie viel Wechselgeld bekommt sie zurück?

Antwort: *Mona bekommt* ____________

____

▸ Seite 128

Multiplikation und Division von Geldbeträgen

1 Oles Eltern kaufen für sein neues Kinderzimmer 3 Regale.

Wie viel bezahlen sie für die neuen Möbel?

Antwort: *Die Eltern* ______________________

____

2 Rechne schriftlich.

a) 91 € · 4

b) 61 € · 8

c) 72 € · 4

3 Anna hat für ihr Zimmer 2 Stühle bekommen. Ihre Eltern haben insgesamt 94 € bezahlt.

Wie viel kostet ein Stuhl?

Antwort: *Ein Stuhl* ______________________

____

4

a) 340 € : 4

b) 265 € : 5

c) 126 € : 6

d) 248 € : 8

▸ Seite 129

Zeichnen und Messen

1 Markiere alle Längenangaben farbig.

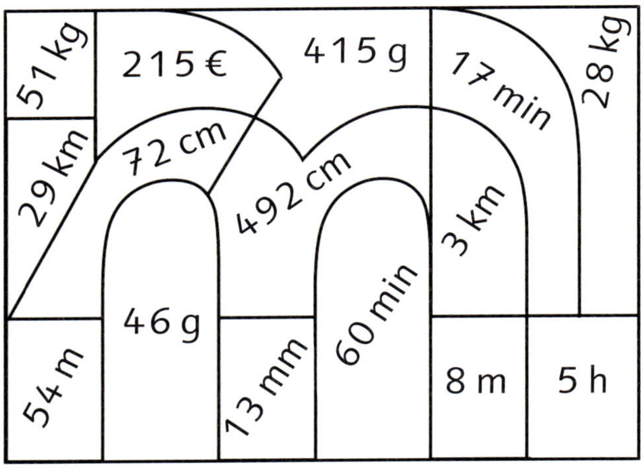

2 Welche Länge passt?

3 cm	10 cm	20 cm
50 cm	170 cm	

Baby	
Erwachsener	
Pinsel	
Klebestift	
Büroklammer	

3 Zeichne die Strecken mit dem Lineal.

a) 4 cm

6 cm

3 cm 5 mm

2 cm 5 mm

b) 3 cm 4 mm

1 cm 7 mm

5 cm 1 mm

4 cm 8 mm

4 Wie lang sind diese Strecken? Miss und schreibe in die Tabelle.

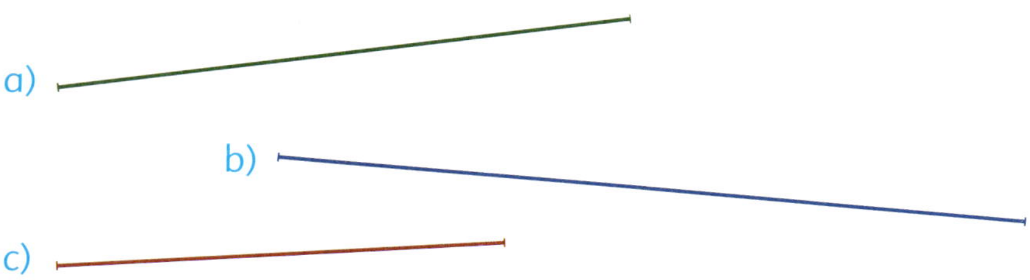

	Länge
a)	
b)	
c)	

▸ Seiten 132/133

Zentimeter und Millimeter

1 a)

cm	8 cm	6 cm		2 cm	13 cm		580 cm
mm	80 mm		90 mm			170 mm	

b)

cm und mm	3 cm 5 mm	7 cm 2 mm		4 cm 1 mm	
mm	35 mm		18 mm		69 mm

2 Schreibe in die Stellenwerttafel.

a)

	cm	mm
86 mm		
47 mm		
61 mm		
95 mm		
34 mm		

b)

	cm	mm
13 mm		
52 mm		
79 mm		
28 mm		
81 mm		

c)

	cm	mm
157 mm		
384 mm		
921 mm		
673 mm		
492 mm		

3 Schreibe in cm.

a)

cm	mm	
3	8	3,8 cm
2	4	
6	7	
9	2	
5	1	

b)

cm	mm	
1	4	
7	9	
8	2	
4	3	
2	6	

c)

cm	mm	
57	2	
16	8	
94	9	
31	7	
48	5	

4 Schreibe in die Stellenwerttafel und rechne in cm um.

a)

	cm	mm	
74 mm			
16 mm			
29 mm			
38 mm			

b)

	cm	mm	
271 mm			
534 mm			
987 mm			
446 mm			

5

cm	5,7 cm	9,2 cm	3,4 cm			12,4 cm	
mm	57 mm			61 mm	49 mm		751 mm

▸ Seiten 134/135

Zeichnen und Messen

1 Zeichne die Strecken mit dem Lineal.

a) 3,5 cm

6,2 cm

8,7 cm

5,3 cm

b) 12,2 cm

13,6 cm

11,9 cm

14,1 cm

2 Wie lang sind diese Strecken? Miss und schreibe in cm.

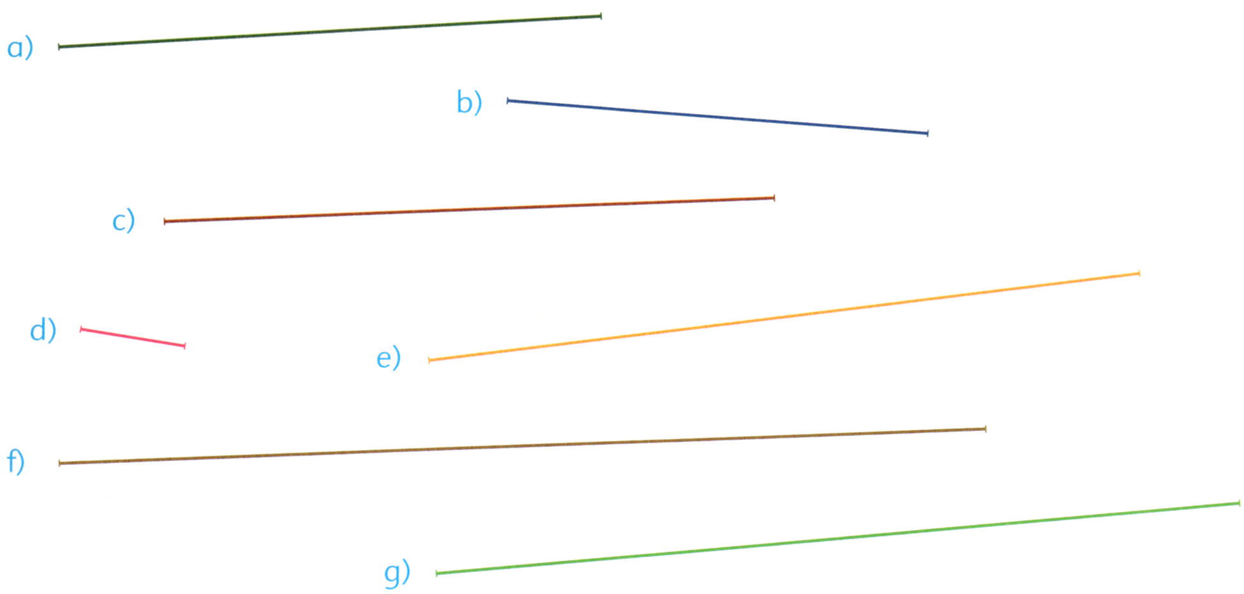

a)	b)	c)	d)	e)	f)	g)
7,2 cm						

▸ Seite 135

Meter und Zentimeter

1

m	5 m	2 m		6 m			7 m
cm	*500 cm*		800 cm		100 cm	900 cm	

2 Schreibe in die Stellenwerttafel.

a)

	m	cm
354 cm		
841 cm		
976 cm		
215 cm		
468 cm		

b)

	m	cm
6,29 m		
7,31 m		
2,98 m		
1,54 m		
9,27 m		

c)

	cm	mm
762 cm		
5,84 m		
193 cm		
641 cm		
9,76 m		

3 Schreibe in m.

a)

m	cm	
2	3 9	*2,39 m*
4	1 7	
6	8 4	
5	2 6	
9	5 2	

b)

m	cm	
1	7 2	
3	9 5	
8	2 1	
4	6 9	
7	3 4	

c)

m	cm	
6	2 1	
4	3 9	
8	5 2	
1	7 7	
3	9 4	

4 Schreibe in die Stellenwerttafel und rechne in m um.

a)

	m	cm	
751 cm			
286 cm			
943 cm			

b)

	m	cm	
324 cm			
517 cm			
896 cm			

5

a) 1 m

70 cm	
20 cm	
40 cm	
10 cm	

b) 1 m

65 cm	
	15 cm
	55 cm
95 cm	

c) 1 m

71 cm	
46 cm	
	34 cm
	19 cm

d) 1 m

	87 cm
96 cm	
	22 cm
56 cm	

▸ Seiten 136/137

Addition und Subtraktion von Längen

Schreibe in die Stellenwerttafel und rechne.

1 a) 2,54 m + 6,13 m b) 3,61 m + 4,08 m c) 5,47 m + 8,51 m

	m	cm
+		

2 a) 4,67 m + 2,81 m b) 4,29 m + 5,48 m c) 7,41 m + 1,75 m

	m	cm
+		

3 a) 8,47 m – 3,21 m b) 6,54 m – 2,30 m c) 7,68 m – 1,57 m

	m	cm
–		

4 a) 2,83 m – 1,27 m b) 9,65 m – 6,48 m c) 4,37 m – 2,29 m

	m	cm
–		

1,56 m | 2,08 m | 2,18 m | 3,17 m | 4,24 m | 5,26 m | 6,11 m | 7,48 m | 7,69 m | 8,67 m | 9,16 m | 9,77 m | 13,98 m

▸ Seite 138

Kilometer und Meter

1 a)

1 km	
600 m	
	300 m
	800 m
500 m	
100 m	

b)

1 km	
250 m	
	650 m
450 m	
	150 m
950 m	

c)

1 km	
	320 m
	590 m
760 m	
110 m	
	270 m

2 Schreibe in die Stellenwerttafel.

a)

	km	m		
7 km 840 m				
9 km 250 m				
2 km 610 m				
5 km 380 m				
8 km 490 m				
6 km 530 m				

b)

	km	m		
3 km 219 m				
8 km 865 m				
1 km 742 m				
4 km 961 m				
5 km 384 m				
9 km 478 m				

3 Schreibe in km.

a)

km	m			
3	4	1	0	3,410 km
1	8	9	0	
5	6	7	0	
8	9	3	0	
7	2	5	0	
9	1	4	0	

b)

km	m			
9	4	6	7	9,467 km
4	3	8	2	
6	1	7	5	
2	7	2	9	
8	5	4	3	
1	8	1	4	

4 Schreibe in die Stellenwerttafel und rechne in km um.

	km	m			
3 km 532 m					
8 km 179 m					
4 km 617 m					
2 km 826 m					
7 km 258 m					

▸ Seite 141

Zahlen und Operationen

Schriftliche Addition (mit Übertrag bei den Einern)

	H	Z	E
	2	1	6
+	1	4	7
		1	
	3	6	3

Die Aufgabe heißt: 216 plus 147
Zuerst addiere ich die Einer und bündele sie: 6 plus 7 gleich 13
Ich schreibe 3 Einer und übertrage 1 Zehner.
Dann addiere ich die Zehner: 1 plus 4 plus 1 gleich 6
Zum Schluss addiere ich noch die Hunderter: 2 plus 1 gleich 3

Das Ergebnis von 216 plus 147 ist 363.

Schriftliche Subtraktion (mit Übertrag bei den Einern)

	H	Z	E
		5	13
	2	~~6~~	~~3~~
−	1	2	9
	1	3	4

Die Aufgabe heißt: 263 minus 129.
Zuerst subtrahiere ich die Einer: 3 minus 9 kann ich nicht rechnen.
Ich wechsle einen Zehner in zehn Einer. Jetzt habe ich nur noch 5 Zehner.
Bei den Einern habe ich nun nicht mehr nur 3, sondern 13.
Nun kann ich die Einer subtrahieren: 13 minus 9 gleich 4
Jetzt subtrahiere ich die Zehner: 5 minus 2 gleich 3
Zum Schluss subtrahiere ich die Hunderter: 2 minus 1 gleich 1

Das Ergebnis von 263 minus 129 ist 134.

Halbschriftliche Multiplikation

$13 \cdot 5 = 65$
$10 \cdot 5 = 50$
$3 \cdot 5 = 15$

Ich teile 13 auf: 13 ist 10 plus 3. Ich rechne nacheinander:
$10 \cdot 5 = 50$ 10 mal 5 gleich 50
$3 \cdot 5 = 15$ 3 mal 5 gleich 15
Ich zähle die Ergebnisse zusammen: 50 plus 15 gleich 65

Das Ergebnis 65 schreibe ich oben neben die Aufgabe.

Halbschriftliche Division

$152 : 2 = 76$
$140 : 2 = 70$
$12 : 2 = 6$

Ich teile 152 auf: 152 ist 140 plus 12. Ich rechne nacheinander:
$140 : 2 = 70$ 140 geteilt durch 2 gleich 70
$12 : 2 = 6$ 12 geteilt durch 2 gleich 6
Ich zähle die Ergebnisse zusammen: 70 plus 6 gleich 76

Das Ergebnis 76 schreibe ich oben neben die Aufgabe.

Messen und Größen

Geld

Euro	€	1 € = 100 ct
Cent	ct	

€	ct	
5	8	2

582 ct = 5,82 €

Gewichte

Kilogramm	kg	1 kg = 1 000 g
Gramm	g	

kg	g		
3	1	9	7

3 kg 197 g = 3,197 kg

Längen

Kilometer	km	1 km = 1 000 m
Meter	m	1 m = 100 cm
Zentimeter	cm	1 cm = 10 mm
Millimeter	mm	

km	m		
8	5	2	6

8 km 526 m = 8,526 km

m	cm	
4	7	3

473 cm = 4,73 m

cm		mm
	2	9
6	5	1

29 mm = 2,9 cm

651 mm = 65,1 cm

Rauminhalte

Liter	l

Zeit

Jahr	1 Jahr = 12 Monate
Monat	
Woche	1 Woche = 7 Tage
Tag	1 Tag = 24 Stunden

Stunde	h	1 h = 60 min
Minute	min	1 min = 60 s
Sekunde	s	

Raum und Form

Winkel

Ein Winkel entsteht,
wenn 2 Geraden aufeinandertreffen.

Einen rechten Winkel überprüfen wir
mit dem Geodreieck.
Wir kennzeichnen den rechten Winkel so:

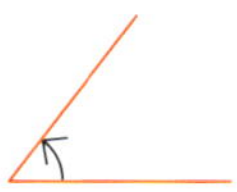

spitzer Winkel

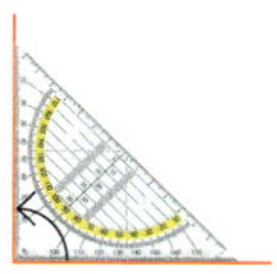

rechter Winkel

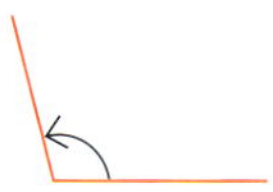

stumpfer Winkel

gestreckter Winkel

Lagebeziehungen

Parallele Geraden schneiden sich nicht.

Senkrechte Geraden bilden einen rechten Winkel.

Achsensymmetrie

Figuren sind achsensymmetrisch,
wenn sie mindestens eine Spiegelachse haben.

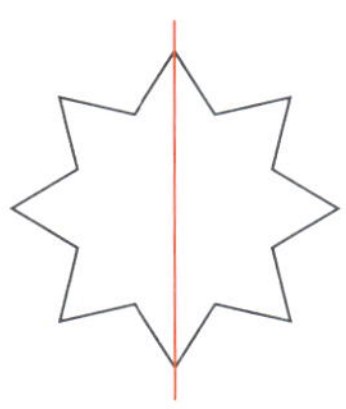

Inhaltsverzeichnis

	Seiten Arbeitsheft	Seiten Schülerbuch	So gut kann ich es ☺	😐	☹
Addition und Subtraktion bis 100	1	6–9			
Rechendreiecke, Sachrechnen, Aufgabenfamilien	2	10–11			
Multiplikation und Division	3	12–15			
Bündeln und entbündeln	4	16–19			
Zahlenbilder und Stellenwerttafel	5	20–21			
Das Tausenderbuch	6	22–23			
Der Zahlenstrahl	7	24–25			
Runden	8	26			
Rechnen mit dem Taschenrechner	9	27			
Parallele und senkrechte Geraden zeichnen	10	28–31			
Gewichte	11	32–34			
Kilogramm und Gramm	12	34–35			
Addition im Kopf	13	36–37			
Addition über den Hunderter	14	38			
Halbschriftliche Addition	15	39			
Schriftliche Addition ohne Übertrag	16	41–42			
Addition mit Null	17	43			
Schriftliche Addition mit Übertrag bei den Einern	18	44–45			
Schriftliche Addition mit Übertrag bei den Zehnern	19	46–47			
Beim Sommerfest in der Schule	20	50–51			
Schattenbilder in einer Stadt	21	52–55			
Figuren zeichnen und Winkel finden	22	52–55			
Figuren ergänzen	23	56–59			
Mündliche und halbschriftliche Subtraktion	24	60–62			
Halbschriftliche Subtraktion mit Überschreitung	25	63–65			
Schriftliche Subtraktion ohne Übertrag	26	66–67			
Schriftliche Subtraktion mit Übertrag bei den Einern	27	68–71			
Schriftliche Subtraktion mit Übertrag bei den Zehnern	28	72–73			
Sachaufgaben zur Subtraktion	29	72–73			
Im Zirkus	30	72–73			
Kreise zeichnen	31	74–77			